干旱风沙区主要造林树种
土壤水分动态监测与评价

左　忠　张安东　马静利　代新义　安必宁　著

U0306581

中国农业科学技术出版社

图书在版编目(CIP)数据

干旱风沙区主要造林树种土壤水分动态监测与评价 / 左忠等著 .
--北京：中国农业科学技术出版社，2022. 8
ISBN 978-7-5116-5675-9

Ⅰ.①干… Ⅱ.①左… Ⅲ.①沙漠带-造林地-森林土-土壤水-
动态监测-研究-中国②沙漠带-造林地-森林土-土壤水-土壤评价-
研究-中国 Ⅳ.①S714

中国版本图书馆 CIP 数据核字(2021)第 272155 号

责任编辑　李冠桥
责任校对　贾海霞
责任印制　姜义伟　王思文

出 版 者　中国农业科学技术出版社
　　　　　北京市中关村南大街 12 号　　邮编:100081
电　　话　(010) 82109705 (编辑室)　　(010) 82109702 (发行部)
　　　　　(010) 82109709 (读者服务部)
网　　址　http://www.castp.cn
经 销 者　各地新华书店
印 刷 者　北京建宏印刷有限公司
开　　本　170 mm×240 mm　1/16
印　　张　15.75　彩插　66 面
字　　数　315 千字
版　　次　2022 年 8 月第 1 版　2022 年 8 月第 1 次印刷
定　　价　80.00 元

◀━◀◀ 版权所有·翻印必究 ▶▶━▶

资助项目

1. 国家退耕还林工程生态效益监测（宁夏）项目

2. 宁夏回族自治区全产业链发展项目"干旱风沙区多功能植被构建及管理技术与示范"

3. 宁夏回族自治区第六批科技创新领军人才项目

4. 2018 年中央财政林业科技推广示范项目"宁夏荒漠化低山丘陵生态修复技术示范推广"

5. 2022 年中央财政林业科技推广示范项目"生态经济型旱生乡土植物林草间作效益提升技术"示范推广

6. 国家重大科技基础设施"中国西南野生生物种质资源库"野生植物种质资源的调查、收集与保存（项目编号：WGB-1514、1605、2103）

7. 鲁梣 1 号盐碱地造林技术示范推广（2021 年中央财政林业科技推广示范项目，编号：〔2021〕ZY03 号）

内容简介

　　本书主要依托"宁夏典型退耕区生态功能监测与评价""宁夏多功能林业和生态功能分区及其多功能评价"等项目，在干旱风沙区盐池县，选择典型的林地植被类型和主要立地类型，通过近 5 年的定位、定点监测，结合降水、蒸发、气温变化等，开展了不同植被恢复措施土壤水分健康评价，依据水资源量和林木耗水量，初步计算出合理的灌木林造林密度，初步明确不同密度、典型植被组成土壤墒情变化，为全面科学衡量林地生态恢复和改善效果，建立平衡稳定、生态功能多样的人工造林与植被恢复技术提供理论依据。

　　本书是作者长期以来通过参与宁夏干旱风沙区生态治理建设、监测研究工作，系统总结的一部理论与实践相结合的技术专著。同时，也是作者与同事、国内外同行们多年深耕于防沙治沙技术领域成果集中展示，是作者多年来工作的总结，也是多个团队集体劳动的结晶。

项目主要参与人员

左　忠	张安东	马静利	代新义	安必宁
杨　斌	王家洋	蔡进军	潘占兵	温学飞
宿婷婷	董丽华	董方圆	温淑红	王云霞
彭期定	高红军	王有德	尤万学	余　殿
冯立荣	范金鑫	田生昌	赵惊奇	王少云
季文龙	秦伟春	张　宇	肖爱萍	王　冠
高　媛	张二东	赵文君	付　晓	冯锦彦
张　浩	李　龙	杨彩雁	牛　艳	开建荣
王彩艳	吴　燕	单巧玲	赵丹青	谢国勋
马彩萍	余海燕	朱　睿	郝丽波	赵丽萍
王宁庚	王建红	郭琪林	孙　果	杨　婧
郭永胜	叶　瑞	梁　净	杨　洋	瞿红霞

作者简介

左忠，男，汉族，1976年生，宁夏盐池人，宁夏农林科学院荒漠化治理研究所研究员，防沙治沙研究室主任，宁夏农林科学院防沙治沙二级学科带头人，沙漠治理专业本科、生态学专业硕士学历。长期致力于荒漠化防治、林地生态功能监测、沙区植物资源开发与利用等方面的研究。先后主持国家、宁夏回族自治区各类项目30余项，参与各类研究与示范项目50余项。获宁夏回族自治区科学技术进步奖一等奖1项，二等奖4项（其中第一完成人1项），三等奖多项。登记成果9项，制定地方标准7项，获专利12项（其中发明1项），发表论文40余篇，出版专著5部。曾由JICA（日本国际协力机构）项目资助赴日本在"干旱区水资源利用与环境影响评价"技术领域进修半年。2020年获"宁夏回族自治区首批高层次D类人才""宁夏回族自治区科技创新领军人才"称号。

张安东，男，1993年生，四川大学生命科学学院在读博士，主要研究方向为病原微生物和环境微生物次生代谢物对宿主免疫的调控机制，涉及宏基因组学、代谢组学、蛋白质组学。参与了四川省科技计划项目（2017FZ0059）；四川省原子能研究院辐照保藏四川省重点实验室开放基金项目（FZBC2018003）；四川省科技厅苗子工程重点项目（2018RZ013）；宁夏回族自治区全产业链发展项目"干旱风沙区多功能植被构建及管理技术与示范"（QCYL-2018-06）。发表SCI检索论文2篇，在核心期刊发表论文4篇，获发明专利2项，获实用新型专利3项。

马静利，女，1994年生，宁夏大学农学院在读博士，主要研究方向为草地生态与管理。参与国家退耕还林工程生态效益监测（宁夏）项目。宁夏回族自治区第六批科技创新领军人才项目等。在核心期刊发表文章3篇。

代新义，男，1964年生，中共党员，林业高级工程师，宁夏平罗人，平罗县自然资源局副局长。主持召开多项大型林业项目，组织实施了韩援项目、日援项目、小渊基金"三北"四期及五期项目防护林、二代农田林网、包兰铁路（平罗段）生态防护林等重点绿化工程。先后多次成功申请全区生态林业工程项目等。

安必宁，男，汉族，中共党员，高级林业工程师，本科。现任宁夏回族自治区固原市原州区林业和草原局退耕还林工程、天保森林资源保护、耕地保护、湿地保护办公室主任。获评原州区第四届十大道德模范、固原市第四届十大道德模范、第三届"宁夏好人"。2019年荣获全国生态建设突出贡献先进个人。主持研发了"宁夏全区天然林保护工程管护信息系统"和"宁夏精准扶贫生态护林员远程巡护网络监管云平台系统"软件，参与宁夏回族自治区林业和草原局组织编著的《宁夏退耕还林工程研究》《宁夏退耕还林工程实践》、固原市地方志办公室组织编著的《固原树木图志》等书籍。

自　序

　　良好的生态环境是人类赖以生存的物质基础和基本前提，也是一个国家、一个民族最大的生存资源和社会财富。在干旱风沙区，土壤水分是植物生产力的决定因素，也是植被健康生长与充分发挥功能的重要保证。党的十八大强调，着力推进绿色发展，把资源消耗、环境损害、生态效益纳入经济社会发展评价体系。因此，我们必须立足长远、科学规划、抓准核心，处理好产业开发、人口增长、全球干旱、粮食生产、人地矛盾、水资源短缺、生态文明建设等与生态治理间的关系，缓解环境压力，力争将此类生态问题解决到让人民群众满意的程度，逐步使家乡重回山川秀美。我们担负的历史使命任重而道远。

　　本专著以干旱风沙区毛乌素沙地西南缘宁夏盐池县为重点研究区域，按照主要立地类型，选择典型的林地植被类型，结合降水、蒸发、气温变化等因子，开展了不同植被恢复措施土壤水分健康评价，依据水资源量和林木耗水量，初步计算出合理的灌木林造林密度，明确不同密度、典型植被组成土壤墒情变化。经过近5年的努力，在创新集成已有模式、深入挖掘长期野外研究调查与定位监测等的基础上形成了阶段性专题研究型专著。

　　本专著是多年来项目组共同努力的结果，汇聚了众多研究人员的科研成果。同时，本专著在编写过程中参考了大量文献和数据资料，是全体著者和中国农业科学技术出版社编校人员共同努力下完成的，是集体智慧的结晶。在此对参与长期定位监测、测试化验、数据分析、材料撰写、文献检索、科研管理和专著出版的可亲可敬的领导们、同事们、同行们致以真诚的感谢！向所有参考文献的原创者致以诚挚的敬意！感谢每位劳动者的无私奉献！

左 忠

2022 年 8 月

目　　录

第一章　研究区基本概况及研究进展

第一节　研究区基本概况

宁夏回族自治区哈巴湖国家级自然保护区位于宁夏回族自治区（全书简称宁夏）盐池县的中北部，东濒陕西定边、北接内蒙古自治区鄂托克前旗，距宁夏首府银川 130km。自然保护区地理位置特殊，自然资源丰富，人文景观独特，以生物多样、大漠奇秀、湿地湖泊为主要特色。2006 年 2 月经国家林业局批准为国家级自然保护区。研究区内现有樟子松（*Pinus sylvestris* Linn. *var. mongholica* Litv.）、侧柏（*Platycladus orientalis*）、榆树（*Ulmus pumila*）、旱柳（*Salix matsudana*）、小叶杨（*Populus simonii*），乌柳（*S. cheilophila*）、沙柳（*Salix psammophila*）、柠条［锦鸡儿属（*Caragana* Fabr.）植物的统称，以中间锦鸡儿（*C. intermedia*）为主］灌木林等。含有多种植物群落，乔灌草点缀分布，错落有致，景观优美独特。森林群落中人工阔叶林、灌木林占主导地位，人工旱柳、小叶杨混交林于 20 世纪 60 年代初栽植，林龄在 35~45 年，树高 6~15m，胸径 8~30cm，林木葱郁，风景如画。

一、自然地理情况

1. 地理位置

项目共分为 2 个区域，位于哈巴湖国家级自然保护区城南管理站西沙窝（东经 107.050000°~107.083333°，北纬 37.733333~37.766667）、哈巴湖管理站和科研宣教中心南侧（东经 107.050000°~107.083333°，北纬 37.733333~37.766667）。

2. 地质地貌

地层：研究区境内出露的地层以第四系地层分布最广，前第四系地层以白垩系为主。

地质构造：研究区地处鄂尔多斯台地西缘，在祁连山、吕梁山、贺兰山的山字形构造的脊柱部位。地质构造划分为布伦庙-镇原白垩系大向斜和贺兰山-青龙山的褶皱带的两个交互带。

地貌：研究区地势北高南低，海拔 1 458~1 537m，地貌属鄂尔多斯台地，大部分为缓坡滩地，属于鄂尔多斯台地向黄土高原的过渡地带，以第四纪风沙地貌为主，由风蚀梁地、固定沙丘、半固定沙丘、平铺沙地、风蚀洼地等组成。

3. 气候特征

研究区属于典型的中温带大陆性季风气候，是半干旱区向干旱区的过渡地带。年均气温 8.2℃，绝对最高、最低气温分别为 38.1℃ 和-29.6℃，最冷月 1 月的平均气温-8.4℃，最热月 7 月的平均气温为 23.1℃，年较差 31.6℃，气温日较差 16℃，年均积温 3 566.1℃，≥10℃ 的积温 2 944.9℃，日照时数 3 124h，日照百分率达 71%，属高日照区，年太阳辐射量为 587.44J/（cm² · min）。年均降水量 296mm，年蒸发量 2 139mm，是降水量的 7 倍多，年平均相对湿度 58%，燥度 3.1。初霜 9 月 22 日前后，终霜 5 月 26 日前后，全年无霜期 128d，年均风速 2.8m/s，年均≥5m/s 的起沙风 32.3 次。主要灾害性天气有干旱、风沙、霜冻、冰雹、干热风等。

4. 土壤

研究区经过地带为荒漠草原和干草原，属于干旱气候区，土壤主要由灰钙土、风沙土、草甸土、盐碱土组成。

5. 植被

研究区在植被区划中属于温带草原区、温带东部草原亚区和草原地带。在大部分平沙地上，分布有草原带沙地植被类型中的苦豆子群落，甘草与苦豆子形成共建种。在放牧过度的地段则演替为老瓜头群落，在继续破坏、风蚀影响下，平沙地则会变成起伏沙地进而形成流动沙丘。白沙蒿（*Artemisia sphaerocephala*）群落生长在流动沙丘上，在半固定沙地上有大面积的黑沙蒿群落，在撂荒地上出现最早的是白草群落，以上几种群落构成了草原带沙地植被。研究区的中部、东北部的广大地区分布有本区最基本、最广泛的长芒草草原群落。在长芒草草原上还可见呈团块状分布的沙芦草群落。在荒漠化较重的地区可见短花针茅（*Stipa breviflora*）。在研究区南部、西北部的一些低洼盐碱地上，可见由芨芨草（*Achnatherum splendens*）、赖草（*Leymus secalinus*）形成的草甸植被。在中部的石质丘陵区分布有川青锦鸡儿（*Caragana tibetica*）灌木丛、猫头刺（*Oxytropis aciphylla*）群落，属超旱生的荒漠灌丛，是草原植被极度退化的象征。

二、社会经济状况

1. 行政区划

研究区位于宁夏回族自治区盐池县王乐井乡和花马池镇境内，研究区辖哈巴湖、城南2个管理站。

2. 交通通信

研究区外围有青银高速、盐中高速、307国道、304省道等，交通较为方便。研究区内移动通信能够全面覆盖，电力、供水配套。

3. 经济状况

研究区内社区经济主要以林业、种植业为主，以发展旅游等第三产业为辅，形成了多种经营的经济产业结构。畜牧业已由过去的游牧改为舍饲养殖，林业主要是管理好天然林资源和实施生态建设工程，种植业主要是管理好现有的经济林，发展名特优产品，种植饲草料，发展养殖业。盐池县土地面积8 600km²，是畜牧大县，誉为"滩羊之乡""甘草之乡"，农副土特产品品种繁多，有甘草、苦豆子、枸杞、滩羊、蜂蜜、荞麦、小杂粮等优势产品。

4. 保护区管理情况及科技支撑

宁夏哈巴湖国家级自然保护区前身为盐池机械化林场，是1979年根据国家"'三北'防护林"建设的需要，经林业部批准在7个县属国有林场的基础上建设的，属正处级事业单位。

在多年的生产实践中，大力开展科技攻关和科技推广，把科技成果转化成生产力。先后开展了中日沙漠化森林复旧技术指针策定试验林营造、沙柳深栽治沙造林、杨树深栽治沙造林、沙地适生优良乔灌草造林技术试验示范工程、哈巴湖国家级自然保护区自然综合科学考察等科研项目。完成了诸多科技成果和技术推广项目，其中获宁夏回族自治区科学技术进步奖二等奖等科技成果20余项。同时将科研生产相结合，边试验、边推广，在干旱缺水、恶劣的环境下取得了生态、社会效益，为荒漠化治理起到了积极推动作用。培养了一批政治素质高、业务技术精的专业技术人员，积累了丰富的森林培育、资源保护经验。

第二节　国内外研究进展

干旱区是指降水小于200mm，地貌以风沙或荒漠为主，水资源短缺且植被稀疏的地区。我国的干旱区主要分布在西北地区，占国土面积的30.8%，是我国生态环境脆弱的地区之一（陈晶，2015）。水资源短缺、水土流失、荒漠化加剧是干旱地区面临最主要的环境问题。目前，我国干旱风沙区的植被恢复和造林工作虽然都取得了一定成就，但多年以来，我国的研究关注点主要在改善生态环境和增加森林覆盖面积方面，而土壤水分是植被生长和恢复最主要的限制因素，其动态变化和运动规律在很大程度上决定着植被的组成、结构、形态和生理特征，同时植被类型和覆盖情况又反过来影响着土壤水分含量和分布（崔向慧，2010；邹俊亮，2012）。在对一些林区的植被的土壤水分研究后发现，在生长几年后林区土壤水分开始下降（李新荣等，2001）。但对于干旱林区植被土壤水分的研究较少（崔向慧，2010；崔建国，2012）。

所以，监测不同植被下土壤水分含量及其变化对干旱地区植被恢复和造林工作来说都是至关重要的。近几年关于水分监测的研究也层出不穷。目前，土壤水分监测方法主要有田间实测法、模型法和遥感法（杨涛等，2010）。

一、田间实测法

田间实测法主要有直接测量土壤含水量或容积含水量的烘干称重法（恒温烘箱法）、中子仪法；测量土壤介电性的时域反射仪法（TDR）、频域反射法（FDR）、驻波率法（SWR）等；以及测量土壤基质势的张力仪法、电阻块法、干湿计法等（陈家宙等，2001；赵原，2019）。虽然田间实测法需要实地操作、采样速度慢、采样后处理复杂，并且费时费力，还难以获得大范围的同步土壤水分信息，但由于其精确度高，现在仍然比较常用（王利民等，2008；胡蝶等，2015）。

在以上方法中，烘干称重法最为准确，较为常见。同时，烘干称重法也是国际公认的土壤水分标准测定方法，经常用来标定其他的测量方法（赵原，2019；王巧利，2015）。陈丽华等（2008）用称重法研究了晋西黄土区主要造林树种刺槐、油松和侧柏林地土壤水分，结果表明，刺槐及其混交林的土壤水分利用范围最大，抗旱能力最强。邹俊亮（2012）用烘干称重法研究发现，在0~600cm的风沙土土层中，植被平均土壤水分含量为小叶杨>沙蒿>柠条。朱炜歆等（2015）用烘干称重法对岚县0~600cm土壤深度的水分含量进行了研究，结果表明，沙棘>草地>柠条>落叶松>青扦，土壤含水量变化大小为沙棘>柠条>草地>落叶松>青扦。郝宝宝等（2020）用环刀法对榆林市红石峡区内樟子松、紫穗槐、柠条和草地进行了研究，结果表明，在0~100cm土层范围内，樟子松林地土壤含水量和蓄水量均最高，紫穗槐林地最低。

另外，用得较多的是TDR法、FDR法。马海艳等（2005）用TDR法对额济纳地区胡杨林地、人工梭梭林、苜蓿地及戈壁在上游泄洪放水前后土壤含水量的动态变化进行了研究。李俊（2007）用 TDR 法对半干旱的蔡家川流域刺槐、油松、侧柏等 8 种植被类型 18 块样地进行了土壤水分动态监测，定量研究了此区域土壤水分年际变化、季节变化以及土壤水分剖面垂直变化。李佳旸等（2017）采用 FDR、中子水分仪和烘干法相结合的土壤水分监测方法对陕北黄土丘陵区苹果园的土壤水分动态进行了研究。

二、土壤水分模型法

模型法是基于水分平衡方程来模拟土壤水分动态变化（王晓学等，2015）。其优点是通过以往的气象数据快速预测土壤水分含量及动态变化，但参数复杂、误差较大（杨涛等，2010）。常用的模型有 SHAW（the simultaneous heat and water）（Hymer et al.，2000）、DNDC（denitrification decomposition model）、PAM Ⅱ（Canadian prairie agrometeorological model）、SWUF（soil water under forest）（Paul et al.，2003）、AWBM（Australian water balance model）（Boughton，2004）等模型。

DNDC 模型适用于预测土壤含水量的季节动态变化（Balashov et al.，2014）。SWUF 模型适用于预测林地土壤水分日变化，与其他模型（如 DNDC、AWBM）相比，SWUF 模型的优势在于参数较少、结构简单（Paul et al.，2003；张岩等，2012）。Paul 等（2003）用 SWUF 模型模拟了澳大利亚南部天然森林、桉树林和松林 59 个样地表层土壤水分的日变化。张岩等（2012）验证了 SWUF 模型对晋西黄土区油松人工林和天然次生林各土层每日土壤含水量具有良好的适用性，但对耗水量大的刺槐林表层土壤水分的模拟还有待改进。

此外，成向荣等（2007）用 SHAW 模型对陕西省子洲县岔巴沟流域和神木六道沟流域区不同类型水文年土壤水分和土壤蒸发进行了模拟，结果表明，深层土层模拟值与实测值基本吻合，SHAW 模型可以用于黄土高原半干旱区农田土壤水分动态规律研究。刘丙霞（2015）对 SHAW 模型进行了校正和验证，结果表明校正后的 SHAW 一维模型能很好地模拟黄土高原小流域典型灌草植被下的土壤水分动态变化。

三、遥感监测法

遥感法是目前大尺度范围内土壤水分监测的主要方法，其原理是通过遥感器测量土壤表面发射或反射的电磁能量，分析研究遥感信息与土壤水分间的关系，然后建立相对应的信息模型，从而反演出土壤水分含量（杨涛等，2010）。其优点是时效快、动态对比性强、空间分辨率好，且能长时期监测动态大区域土壤水分。遥感法主要分为光学遥感和微波遥感（刘丽伟等，2019）。

1. 微波遥感

微波遥感被认为是监测土壤含水量最有效的手段之一，可分为被动微波遥感和主动微波遥感。被动微波测量的是土壤温度，主动微波测量的是土壤的后向散射系数，但他们的基本原理都是基于土壤介电常数（全兆远等，2007）。微波遥感的优点是能全天时、全天候进行监测，对云、雨、大气有较强的穿透能力，并且对土壤水分变化十分敏感，但受植被覆盖和粗糙度的影响较大（胡蝶等，2015）。监测土壤水分的微波波段以长波波段为主，如 X、C、S、L 波段等（赵少华等，2010）。常用的反演模型有基于随机粗糙面散射的基尔霍夫模型（kirchhoff approximation，KA）、小扰动模型（small perturbation model，SPM）、积分方程模型（integral equation model，IEM）和改进的积分模型（advance integral equation model，AIEM）；以植被散射为基础的密歇根微波散射模型（michigan microwave canopy scattering model，MIMICS）和经验或半经验的水云模型（water cloud model，WCM）（施建成等，2012；李菁菁，2016）。

目前，水云模型和 MIMICS 模型也是干旱地区土壤水分监测用得较多的两种模型（马春芽等，2018）。水云模型相对于 MIMICS 模型形式更为简单，但准确度不高，适用于稀疏植被覆盖地区，MIMICS 模型参数复杂，但能够有效地模拟来自植被层的散射，适用于森林等高大植被覆盖的地区（杨嘉辉等，2020；胡猛等，2013）。水云模型需要计算植被含水量，而不同地区的植被覆盖类型不同，则需要不同的植被指数，所以目前水云模型的研究多集中在植被指数方面。如李菁菁（2016）和孔金玲等（2016）都利用水云模型，通过 NDVI、NDWI 计算的植被含水量，从总的地表后向散射系数中改正植被影响，并结合 AIEM 模型，建立了改进的稀疏植被覆盖下地表反演算法。杨嘉辉等（2020）通过 RVI、DVI、NDVI、NDWI、MSAVI 计算植被含水量，结合水云模型和 AIEM 模型，建立改进的土壤水分反演算法。

MIMICS 模型的研究主要在简化参数上，余凡等（2011）通过简化 MIMICS 模型提出以 ASAR 数据和 TM 数据协同反演植被覆盖土壤水分的半经验耦合模型，使模型最关键的输入参数为光学易于反演的叶面积指数 LAI，并发现当 LAI≤3 时该模型有较好的精度。夏米西努尔·马逊江等（2013）也通过光学遥感影像数据提取叶面积指数简化 MIMICS 模型，并在干旱区土壤水分反演中取得了较好的效果。此外，在干旱地区用得较多的是 IEM 模型（张滢等，2011）。丁建丽等（2013）和王娇等（2017）在渭干河-库车河三角洲绿洲，分别以 IEM 模型和 AIEM 模型为基础，构建了适用于干旱区稀疏植被覆盖下的表层土壤水分模型。

2. 光学遥感

光学遥感可以分为可见光-近红外遥感和热红外遥感，其原理分别是利用土壤或植被表面光谱反射特性和土壤表面温度来估算土壤水分（陈书林等，2012）。其优点是空间分辨率高、可用卫星数据源多、波段信息丰富，对植被覆盖信息敏感，但受天气影响较大（胡蝶等，2015；蔡庆空等，2018）。光学遥感主要有植被指数法、温度植被干旱指数（TVDI）、热惯量模型、蒸散模型等（余凡等，2011）。

杨树聪等（2011）研究表明，热惯量法适用于低植被覆盖度（NDVI＜0.35），当植被覆盖度过高时（NDVI＞0.35），表观热惯量与土壤体积含水量之间没有相关性，热惯量法不再适用于土壤水分监测。武晋雯等基于 MODIS 数据对比分析不同的遥感监测模型也得到了相似的结果，在中低植被覆盖期，热惯量法与 0～20cm 的平均土壤相对湿度的对数相关最好，在高植被覆盖期，能量指数法与 0～10cm 的平均土壤湿度的对数相关最好（武晋雯等，2014）。

四、小结

干旱区植被下土壤水分的研究目前主要集中在农田，林区相对较少，且多集中于黄土高原地区。随着土壤水分监测技术的发展，监测区域也从小范围逐渐转向大区域，但由于地形和植被的影响，各研究结果有较强的区域性，在其他区域的适用性较低。遥感作为目前最先进的方法，依然需要实测进行校准，并且参数多而复杂，精确度还需要进一步提升。所以提高精确度和普适性，简化参数和模型是未来研究的主流和重点。

第三节　研究意义及主要内容

一、相关研究意义

宁夏中部干旱带是宁夏干旱风沙区重要组成部分，也是中国北方重点沙源地之一，在国家生态安全战略格局中占有重要地位，是宁夏及北方防沙带的重点区域。生态植被的恢复与重建始终是地方政府生态环境建设的重要工作，目前该区域林地造林质量与可持续经营水平不高，造林密度与土壤水分供给失衡，林业防护功能与防护水平未能得到充分发挥，林地生态服务功能单一。开展干旱风沙区多功能林业研究，对充分挖掘沙地林业资源的多功能服务潜力、深入研发林业建设的多功能利用理念与技术、科学指导当地生态植被恢复建设、保障国家西部地区生态屏障安全具有重要的科技支撑和促进作用。

随着全球气候变暖，近年来景区降水量逐年减少，林区地下水位下降，每年有数百株旱柳、小叶杨、沙枣出现枯梢甚至死亡，沙柳、乌柳长势减弱，严重损害了景区内的森林资源和森林景观。若现有森林遭到损毁，哈巴湖景区就会失去

"沙海现绿洲，奇景蘑菇云"的独特自然风貌，因此搞好项目内的林相改造，对保护森林资源，发展哈巴湖景区的生态文化和促进盐池县的旅游事业具有重要的意义。在分析研究区绿化现状的基础上，采用改善林分卫生状况、丰富树种、加强植被抚育管理等林相改造方案，使整个景区形成以针阔、灌木混交林为主的森林群落。

针对宁夏干旱风沙区林业建设中功能效能发挥低下，林业功能不能协调统一发挥，植被单一稳定性差，雨养林地土壤水分消耗过大，造林疏密不一，林木生长退化，斑状林草景观地貌状态下的地表风蚀现象严重，多功能林业基础研究薄弱，缺乏对综合营林技术科学合理的关键技术参数与综合评价指标体系，林业生态及经济效益发挥不充分等问题，以突出协调发挥宁夏干旱风沙区林业多功能发展为目标，开展多功能林业区划、服务功能评价及管理技术研究，明确干旱风沙区主要造林树种林分配与生态功能的量化关系，为深入推进干旱风沙区林业多功能化建设，科学指导沙地林业综合效益发挥和林地可持续经营提供技术支撑。

通过长期定位监测和定点采样，量化现有林业功能主要指标及在具体生态实践中的应用，明确制约林业多功能化的主要自然与社会因素、关键技术的瓶颈效应。通过对不同经营措施下的林地水、土、环境、植被等主要影响因素的持续监测，明确主要因素的时空分布特征，分析其正负效应，量化主要影响因素及影响程度，找出制约当地生态环境与林业功能实现过程中主要影响因素，提出解决方案，为实现生态、经济、社会效益最大化提供决策依据。

通过长期定位野外监测研究，可量化干旱风沙区生态林及草本植被防风固沙、固碳释氧、生物多样性保育、土壤改良效应，为充分认识生态灌木林及不同植被盖度条件下的林业生态功能指标提供研究依据。

通过对中部干旱带风沙区多功能林业综合评价方法的确定，为在全区开展多功能林业规划提供区划依据。通过对主要造林树种平衡研究，为沙区林地蒸散耗水等水文过程基础上提供基于水资源承载力的合理造林密度，为研究制定合理的、可持续利用的、生态功能多元化的沙区林业经营与管理技术提供决策依据。

通过生态风景林林相改造项目建设，在生态旅游中渗透生态文化，开展生态文化宣教，挖掘生态文化内涵、展现历史文化，改造区域环境，提高服务接待功能、提升景区品位，带动相关行业的发展，也可带动哈巴湖旅游区周边地区经济发展，推动当地群众早日脱贫致富。为人们提供科普教育基地，对宣传环境保护、美化环境教育更有促进意义。

二、主要研究内容

1. 干旱风沙区主要固沙植物的耗水量及其影响因素

定位监测干旱风沙区不同立地不同类型灌木的耗水量，明确主要固沙灌木柠条、花棒（*Hedysarum scoparium*）、杨柴（*H. mongolicum*）在生长季的耗水量，分析立地条件、气象因素对植物耗水的影响。在单株耗水的基础上估算灌木林地的蒸散耗水量。监测不同类型草地的蒸散量，分析植被构成对草地蒸散的影响。

2. 基于水资源承载力的合理造林密度

依据区域大气降水量和林木耗水量、土壤储水量、林地蒸散量等建立不同植被类型的水量平衡方程。在水量平衡的基础上估算不同土壤类型所能提供的水资源量，依据水资源量和林木耗水量计算合理的灌木林造林密度。

第四节　小气候监测区域

一、荒漠草原樟子松人工林地

哈巴湖保护区高沙窝林场，地理坐标北纬 37.969449°，东经 107.096028°，建立了干旱风沙区樟子松林地小气候监测场，气象站主要监测林地蒸发，降水量，大气温度，湿度，数字气压，风速，风向，日照时数，TBQ 总辐射，土壤盐分，pH 值，20cm、40cm、60cm、80cm、100cm、120cm、140cm、160cm、180cm、200cm 土壤墒情监测，20cm、40cm、60cm 土壤温度。

二、荒漠草原放牧地

高沙窝林场鸦儿沟地区，地理坐标北纬 37.995693°，东经 107.049164°，在干旱风沙区风蚀场建立了荒漠草原放牧地小气候监测场。气象站主要监测 10cm、50cm、100cm、150cm、200cm 垂直高度土壤风蚀监测；地表风蚀量监测、林带不同水平区域风蚀量监测；1m 高度降尘量监测。

三、荒漠草原无林地

盐池县王乐井乡狼子沟村，地理坐标北纬 37.885931°，东经 106.963802°，建立了干旱风沙区无林地，气象站主要监测 20m 垂直梯度小气候监测场，2m、4m、6m、8m、9m、10m、12m、14m、16m、18m、20m 垂直高度风速；2m、10m、20m 垂直高度 CO_2 浓度；2m、20m 垂直高度负氧离子浓度；PM2.5、PM10、PM100；大气温度；大气湿度；气压。

第五节　土壤水分动态监测区域与方法

一、动态监测区域

宁夏干旱风沙区不同林地类型的土壤水分动态监测区域主要包括高沙窝、大水坑、二道湖、佟记圈、沙泉湾、大墩梁、猫头梁、花马寺和花马寺生态园等地区不同种植密度的灌木林地，例如柠条、杨柴、花棒、沙柳、沙蒿；不同种植密度的乔木林地的樟子松、榆树、小叶杨。

二、关于林龄的确定

本研究涉及的所有林龄均以 2016 年开始监测的时间起计算。

三、动态监测方法

1. 环刀法（经典烘干法）

沿用国际上的标准方法，先在田间地块选择合适取样点，按所需深度分层取土样，将土样放入铝盒并立即盖好盖子以防水分蒸发影响测定结果，称取湿土+空铝盒重量，记为土壤湿重，而后将采集的样品带回实验室置于烘箱中，在105~110℃下烘干水分至恒重（一般为12h），再称取干土+空铝盒重，记为烘干质量，称量铝盒质量称为环刀质量。

该方法在本次试验中选择具有干旱带典型植被特征的高沙窝、大墩梁、佟记圈、大水坑、沙泉湾的不同植被林地进行土壤持水性研究，利用环刀法在不同林地间取样，每隔20cm采集土样、采集深度为100cm，不同深度的样品均取三个平行样品，通过烘干法测定土样样品与土壤含水量的关系，利用公式推算出一系列土壤的物理参数。公式如下。

土壤含水量（%）=

$$\frac{(土壤湿重-环刀质量)-［烘干质量（12h）-环刀质量］}{［烘干质量（12h）-环刀质量］}×100$$

土壤储水量（mm）= 0.1×土壤容重×含水量×20

土壤容重（g/cm³）= ［烘干质量（12h）-环刀质量］×20

最大持水率（%）=

$$\frac{(浸水质量-环刀质量)-［烘干质量（12h）-环刀质量］}{［烘干质量（12h）-环刀质量］}×100$$

最大持水量（mm）= 0.1×土壤容重×最大持水率×20

毛管持水率(%)=

$$\frac{［干沙质量(2h)-环刀质量］-［烘干质量（12h）-环刀质量］}{［烘干质量（12h）-环刀质量］}×100$$

毛管持水量（mm）= 0.1×土壤容重×毛管持水率×20

最小持水率(%) =

$$\frac{[干沙质量(12h) - 环刀质量] - [烘干质量(12h) - 环刀质量]}{[烘干质量(12h) - 环刀质量]} \times 100$$

最小持水量（mm）= 0.1×土壤容重×最小持水率×20

非毛管孔隙度（%）=（最大持水率-毛管持水率）×土壤容重

毛管孔隙度（%）= 毛管持水率×土壤容重

总孔隙度（%）= 非毛管孔隙度+毛管孔隙度

2. TDR 法

时域反射仪（time-domain reflectometry，TDR），是在 20 世纪 80 年代初由 Topp 等依据土壤含水量与土壤三相物质的介电性质的关系实验出的土壤水电磁测量方法。实验时将波导棒（探针）插入土壤介质中，通过高频脉冲发生器产生的高频电磁脉冲信号从波导棒的始端传播到终端，并以较宽的频率分布到土壤中，脉冲信号受土壤的反射又沿波导棒返回到波导棒的始端，而脉冲信号接受线路测定输入电压和反射回来的脉冲信号总量，反射脉冲的频率受土壤介电常数的影响，根据脉冲输入到反射返回的时间及反射时的脉冲幅度的衰减，即可计算土壤水分和盐分含量。

TDR 系统类似一个短波雷达系统，可以直接、快速、方便、可靠的检测土壤水分状况。因此在本次试验中，在充分野外实地勘查和资料综合分析的基础上，按照主要植被类型、主要立地类型，以宁夏中部干旱带主要人工造林树种及典型的林地植被类型为主要监测评价对象，以土壤水分为重点监测指标，以半流动沙丘、流动沙丘、固定沙地、人工苜蓿、天然沙蒿林地、封育草场、天然放牧地等不同土地利用方式为对照，分别针对不同固沙造林树种、不同造林密度、不同土地利用类型、不同林龄等立地类型。在项目研究区盐池县全县范围内，开展了基于宁夏中部干旱带水资源承载力的合理造林密度监测试验。自 2016 年 4 月开始，应用 TDR 测定不同林带 0~200cm 的土壤水分含量，每月测定一次，长期定期监测上述不同区域土壤水分、土壤温度、土壤盐分动态变化规律。通过代表性样地长期的定位观测来获取植被结构与生长、沙地水分动态变化过程及其对环境影响评价因子等方面的数据，系统总结和分析沙区典型植被结构组成对土壤水分影响的变化规律及其机理。为后期的依据区域大气降水量和林木耗水量、土壤储水量、林地蒸散量等建立不同植被类型的水量平衡方程。在水量平衡的基础上估算不同土壤类型所能提供的水资源量，为依据水资源量和林木耗水量计算合理的灌木林造林密度提供监测数据。

第二章 宁夏干旱风沙区人工林地建设对小气候的影响监测研究

第一节 荒漠草原樟子松人工林地小气候变化

一、荒漠草原樟子松人工林地大气温度、大气湿度、大气气压的变化

如图 2-1 可知，2017 年 1 月至 2020 年 1 月荒漠草原樟子松人工林地大气温度在 -10~25℃，随着时间变化呈倒 "U" 形趋势，每年 7 月为该年温度最大值。由图 2-2 可知，2017 年 1 月至 2020 年 1 月荒漠草原樟子松人工林地大气湿度在 20%~80%。2017 年 10 月、2018 年 8 月、2019 年 6 月达到湿度最大值。如图 2-3 可知，2017 年 1 月至 2020 年 1 月，樟子松人工林地的大气气压数值在 840~865hPa。2017 年 10 月的大气气压高于同年其他月份，8 月大气气压数值最低。2018 年 12 月的大气气压数值为当年最大值；2019 年 11 月大气气压高于其余月份，同年 9 月气压数值最小。

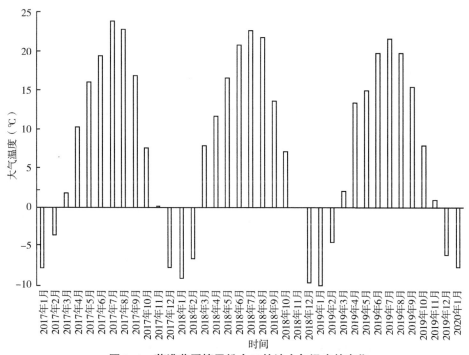

图 2-1　荒漠草原樟子松人工林地大气温度的变化

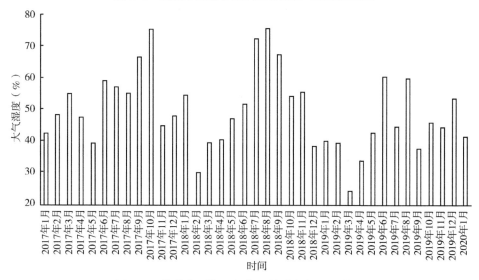

图 2-2　荒漠草原樟子松人工林地大气湿度的变化

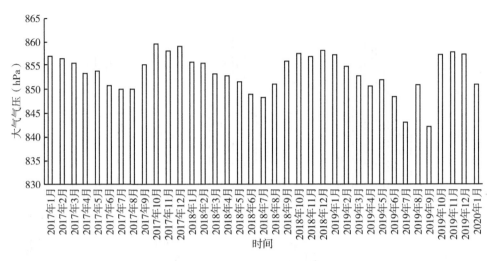

图 2-3 荒漠草原樟子松人工林地大气气压的变化

二、荒漠草原樟子松人工林地风速、雨量变化

如图 2-4 所示，荒漠草原樟子松人工林地风速在 0.20～2m/s。2017 年 4 月的风速高于同年其余月份；同年 9 月风速最小。2018 年 1 月的风速数值为 1.58m/s，

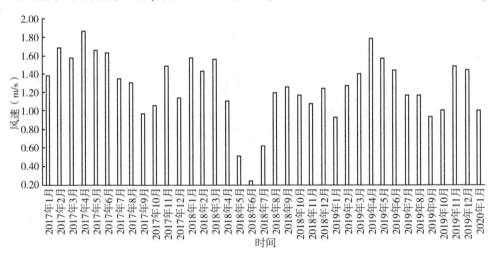

图 2-4 荒漠草原樟子松人工林地风速变化

同年 6 月数值最低。2019 年 4 月的数值最大，1 月数值最小。由图 2-5 可知，2017 年 6 月、2018 年 8 月、2019 年 8 月的雨量分别为该年雨量峰值。

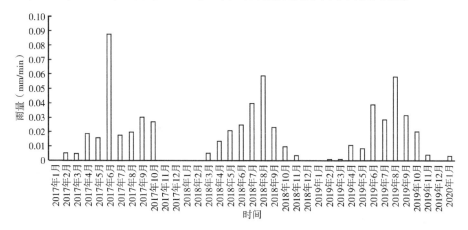

图 2-5　荒漠草原樟子松人工林地降雨强度变化

三、荒漠草原樟子松人工林地不同土层温度变化

如图 2-6 可知，20cm、40cm、60cm、80cm 土壤深度的土壤温度在 2017 年

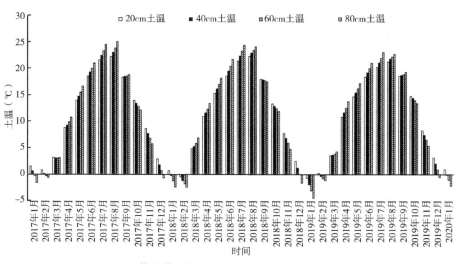

图 2-6　荒漠草原樟子松人工林地不同土层温度变化

至 2020 年 1 月呈倒"U"形变化趋势，在每年的 8 月达到气温最大值。2017 年、2019 年的 3—9 月；2018 年 3—8 月，随着土壤深度加深，土壤温度也随之增加，其余时间土温呈相反趋势。

第二节　荒漠草原放牧地小气候变化

一、荒漠草原放牧地大气温度、风速、雨量的变化

由图 2-7 可知，2018 年 5 月至 2020 年 1 月，荒漠草原放牧地的大气温度在 −10~25℃。随着时间延长，放牧草地大气温度先上升后下降，在每年 7 月达到峰值。由图 2-8 可知，2018 年 5—12 月，风速数值平稳在 0~0.05m/s；2019 年 4 月风速数值最大。2018 年 5 月至 2020 年 1 月，雨量数值在 0~0.8mm/min；2018 年 6 月、2019 年 4 月为当年雨量最大值。

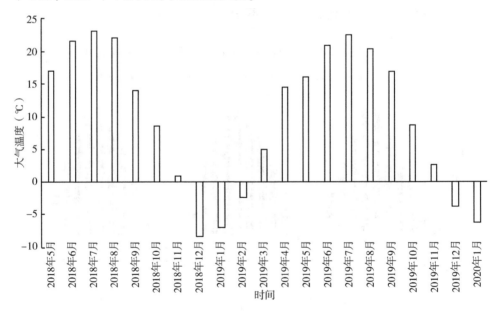

图 2-7　荒漠草原放牧地大气温度的变化

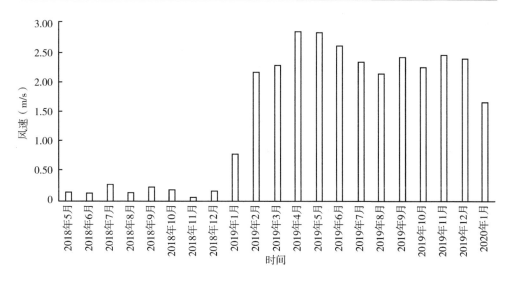

图 2-8 荒漠草原放牧地风速的变化

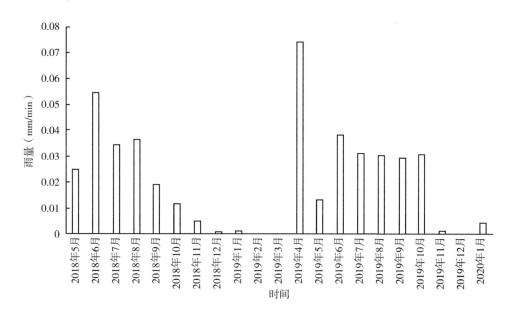

图 2-9 荒漠草原放牧地降雨强度的变化

二、荒漠草原放牧地 1m、2m 高度的 PM2.5、PM10 变化

由表 2-1 可知，2019 年 1 月下旬至 2020 年 1 月上旬 1m 高度的 PM2.5 数值在 8.23～107.96μg/m³，PM10 数值在 9.81～181.08μg/m³。2019 年 1 月下旬至 2020 年 1 月上旬，2m 高度的 PM2.5 浓度在 8.42～343.23μg/m³，PM10 浓度在 5.30～562.21μg/m³。2019 年 1 月下旬至 2019 年 11 月上旬 1m 与 2m 高度的 PM2.5、PM10 数值较为接近。

表 2-1 荒漠草原放牧地 1m、2m 高度的 PM2.5、PM10 变化　单位：μg/m³

时间	1m PM2.5	1m PM10	2m PM2.5	2m PM10
2019 年 1 月下旬	25.98	31.18	24.49	27.55
2019 年 2 月上旬	20.86	25.33	18.98	21.38
2019 年 2 月下旬	53.94	50.31	50.27	5.30
2019 年 3 月上旬	30.18	38.32	29.01	35.62
2019 年 3 月下旬	51.67	40.35	53.86	37.98
2019 年 4 月上旬	16.58	19.31	16.55	18.45
2019 年 4 月下旬	17.58	21.27	17.61	20.35
2019 年 5 月上旬	18.06	21.67	18.22	21.03
2019 年 5 月下旬	8.23	9.81	8.42	9.27
2019 年 6 月上旬	11.57	13.18	11.57	12.83
2019 年 6 月下旬	21.85	25.13	21.82	24.62
2019 年 7 月上旬	13.52	14.71	13.71	14.76
2019 年 7 月下旬	13.60	15.21	13.14	14.36
2019 年 8 月上旬	11.43	12.65	10.54	11.31
2019 年 8 月下旬	17.87	20.21	16.89	18.71
2019 年 9 月上旬	20.36	22.89	20.48	22.80
2019 年 9 月下旬	24.24	27.77	24.14	27.13
2019 年 10 月上旬	22.76	26.57	63.47	60.70
2019 年 10 月下旬	20.58	24.92	18.77	21.37
2019 年 11 月上旬	25.44	30.78	22.74	26.08

（续表）

时间	1m PM2.5	1m PM10	2m PM2.5	2m PM10
2019 年 11 月下旬	32.71	48.03	143.89	234.07
2019 年 12 月上旬	34.31	55.45	102.24	147.51
2019 年 12 月下旬	35.01	56.94	144.71	229.71
2020 年 1 月上旬	107.96	181.08	343.23	562.21

三、荒漠草原放牧地土壤盐分的变化

据图 2-10 可知，2018 年 5 月至 2019 年 12 月，20cm 与 40cm 的盐分含量随时间延长呈先上升后下降的趋势；在每年 7 月数值最大。2018 年 5—8 月，2019 年 4—9 月，20cm 深度的盐分数值高于 40cm。

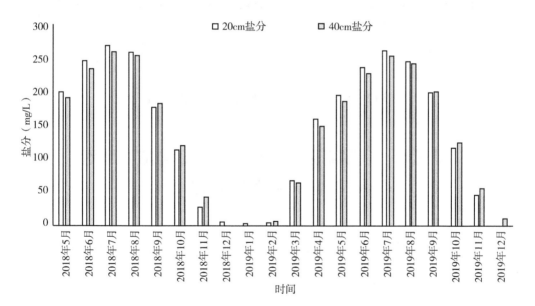

图 2-10　荒漠草原放牧地土壤盐分的变化

四、荒漠草原放牧地不同土层温度的变化

由图 2-11 可知，20cm、40cm 的土层温度在 2018 年 5 月至 2020 年 1 月内，随时间变化先上升后下降。60cm、80cm 土温的数值在 4～8℃；2018 年 5 月、2019 年 11 月为 60cm 土温峰值；2018 年 5 月、2019 年 8 月为 80cm 深度峰值。

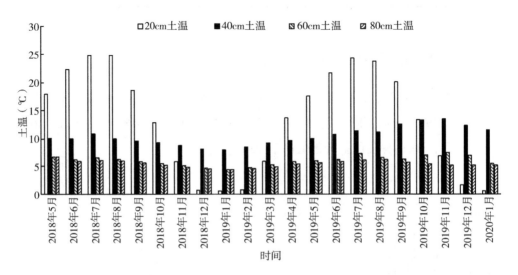

图 2-11 荒漠草原放牧地不同土层温度的变化

第三节 荒漠草原樟子松人工林地与放牧地对小气候的影响对比研究

一、荒漠草原樟子松人工林与放牧地对大气温度、风速、雨量的影响

由表 2-2 可知，2018 年 5 月至 2020 年 1 月，荒漠草原樟子松人工林地的大气温度均低于放牧地温度。2018 年 5 月至 2019 年 1 月，荒漠草原樟子松人工林

地风速大于放牧地，其余时间小于放牧地。2018 年 5—6 月、2019 年 4—5 月荒漠草原樟子松人工林地雨量小于放牧地。

表 2-2　荒漠草原樟子松人工林地与放牧地对大气温度、风速、雨量的影响

时间	大气温度（℃）		风速（m/s）		雨量（mm/min）	
	樟子松人工林地	放牧地	樟子松人工林地	放牧地	樟子松人工林地	放牧地
2018 年 5 月	16.63	17.00	0.51	0.15	0.02	0.02
2018 年 6 月	20.87	21.50	0.25	0.13	0.02	0.05
2018 年 7 月	22.67	23.15	0.62	0.29	0.04	0.03
2018 年 8 月	21.88	22.08	1.20	0.15	0.06	0.04
2018 年 9 月	13.73	14.00	1.26	0.24	0.02	0.02
2018 年 10 月	7.22	8.65	1.18	0.20	0.01	0.01
2018 年 11 月	0.01	0.99	1.09	0.07	0.00	0.01
2018 年 12 月	-9.56	-8.24	1.24	0.17	0.00	0.00
2019 年 1 月	-10.13	-6.89	0.93	0.79	0.00	0.00
2019 年 2 月	-4.40	-2.47	1.28	2.18	0.00	0.00
2019 年 3 月	2.14	5.10	1.41	2.28	0.00	0.00
2019 年 4 月	13.49	14.44	1.79	2.86	0.00	0.07
2019 年 5 月	14.97	16.05	1.58	2.84	0.01	0.01
2019 年 6 月	19.80	20.86	1.45	2.61	0.04	0.04
2019 年 7 月	21.67	22.50	1.17	2.33	0.04	0.03
2019 年 8 月	19.77	20.43	1.18	2.15	0.06	0.03
2019 年 9 月	15.49	16.82	0.95	2.43	0.03	0.03
2019 年 10 月	8.03	8.69	1.01	2.26	0.02	0.03
2019 年 11 月	1.10	2.66	1.49	2.46	0.00	0.00
2019 年 12 月	-5.94	-3.72	1.46	2.41	0.00	0.00
2020 年 1 月	-7.51	-6.09	1.01	1.67	0.00	0.00

二、荒漠草原樟子松人工林地与放牧地对不同土层土壤温度影响

表 2-3 可知，2018 年 10—12 月、2019 年 10 月至 2020 年 1 月，20cm 的荒漠草原樟子松人工林地土温高于放牧地土温；其余时间内樟子松人工林地土温低于

放牧地。2018 年 11 月至 2019 年 3 月、2019 年 11 月至 2020 年 1 月，40cm 的樟子松人工林地土壤温度低于放牧地，其余时间高于放牧地。2018 年 12 月至 2019 年 3 月、2019 年 11 月至 2020 年 1 月，60cm 樟子松人工林地土温低于放牧地；2018 年 12 月至 2019 年 3 月、2019 年 12 月至 2020 年 1 月，80cm 的荒漠草原樟子松人工林地的土壤温度低于放牧地。

表 2-3 荒漠草原樟子松人工林地与放牧地对不同土层土壤温度影响　　单位:℃

时间	20cm 土温		40cm 土温		60cm 土温		80cm 土温	
	樟子松人工林地	放牧地	樟子松人工林地	放牧地	樟子松人工林地	放牧地	樟子松人工林地	放牧地
2018 年 5 月	15.37	17.97	16.18	10.02	17.05	6.66	18.22	6.66
2018 年 6 月	18.62	22.37	19.55	9.96	20.52	6.21	21.80	5.88
2018 年 7 月	21.50	24.87	22.43	10.79	23.36	6.55	24.49	6.06
2018 年 8 月	22.41	24.85	23.01	9.90	23.53	6.23	24.18	5.95
2018 年 9 月	18.03	18.61	17.92	9.50	17.75	5.82	17.54	5.58
2018 年 10 月	13.39	12.85	12.95	9.19	12.48	5.49	11.94	5.21
2018 年 11 月	7.83	5.81	6.90	8.70	5.96	5.10	4.78	4.83
2018 年 12 月	2.48	0.68	1.24	8.07	0.01	4.66	-1.57	4.52
2019 年 1 月	-0.68	0.57	-1.87	7.91	-3.04	4.36	-4.40	4.42
2019 年 2 月	0.24	0.80	-0.33	8.41	-0.76	4.74	-1.12	4.57
2019 年 3 月	3.58	5.87	3.66	9.13	3.87	5.27	4.34	4.91
2019 年 4 月	10.90	13.65	11.71	9.60	12.60	5.80	13.82	5.38
2019 年 5 月	14.75	17.56	15.47	9.91	16.22	5.99	17.21	5.59
2019 年 6 月	18.42	21.70	19.26	10.68	20.08	6.18	21.11	5.82
2019 年 7 月	20.27	24.36	21.15	11.33	22.01	7.28	23.11	6.08
2019 年 8 月	21.39	23.79	21.88	11.08	22.29	6.54	22.80	6.17
2019 年 9 月	18.63	20.07	18.79	12.53	18.94	6.25	19.37	5.69
2019 年 10 月	14.82	13.34	14.45	13.24	14.02	6.97	13.48	5.37
2019 年 11 月	8.33	6.80	7.45	13.45	6.55	7.43	5.39	5.15
2019 年 12 月	3.18	1.65	2.05	12.28	0.93	6.94	-0.50	5.15
2020 年 1 月	1.01	0.57	-0.02	11.48	-0.99	5.49	-2.15	5.19

第四节　农田防护林对小环境的影响研究

以大面积分布的、成熟防护林网庇护下的玉米农田为重点研究对象，分别以无防护林天然草地、防护林育苗地、灌木防护林为对照，分别对防护林农田内，灌区周边典型景观地貌小环境的光照、气温、地温等主要环境因素的影响进行持续动态监测，在8月下旬，对比分析出不同小气候环境内主要气象因素日变化规律，寻求上述不同立地类型主要气象指标差异性，分析其主要成因，揭示和量化防护林网对农田小气候的影响程度，为制定科学合理的防护林更新措施提供理论依据。

一、不同立地类型地表土壤温度日动态变化监测

采用深度分别为5cm、10cm、15cm、20cm、25cm地温计对灌区无防护林草地、防护林玉米地、防护林育苗地、灌木防护林4个区域的土壤表层温度进行了动态监测。将监测所得土壤温度平均后可知（图2-12），无防护林草地区域土壤地表平均温度最高，且波动幅度也较大，在25.1~30.3℃。防护林玉米地和灌木

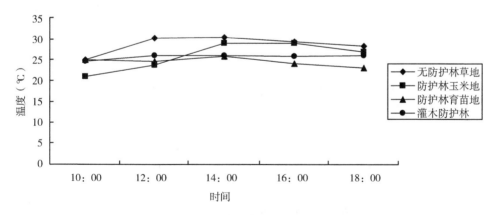

图2-12　不同立地类型地表土壤温度曲线图

防护林较接近，分别在 29～21℃、26～23.2℃ 波动，防护林育苗地土壤地表平均温度波动幅度较小，仅在 23.2～26℃，说明较高的植被覆盖可以保证较低的地表土壤温度和较小的地表土壤温度波动，有利于地表土壤水分保持，改善小环境，减少高温逆境对作物、植被及林间小动物、鸟类等生态环境的负面影响，有利于其正常生长和生存。

从不同立地类型不同监测深度地表土壤温度曲线来看（图 2-13），在监测时间段内，在 14：00 前，地表温度随着深度均逐渐降低。其中无防护林草地地表温度变化幅度最大，特别是 5cm 处地温，其最大值出现在 12：00，防护林玉米地 10：00—12：00 区间内不同深度地表温度均最低，之后逐渐升高，可能是由于太阳的转动影响树荫与监测区域，进而影响地温。整体来看，灌木防护林、防护林育苗地由于植被较多，覆盖度较高，地表温度日变化较缓和，随着日照强度的逐渐增强或减弱均趋于滞后性变换。说明在日照最为强烈的 8 月，较高的植被覆盖有利于保持较稳定、较低、持续缓和的土壤温度，有利于作物生长。

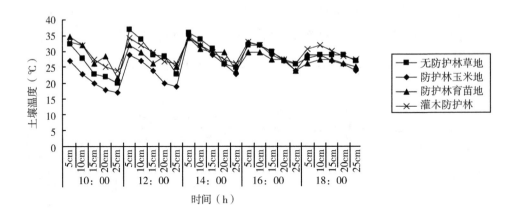

图 2-13 不同立地类型、不同深度地表土壤温度曲线图

二、不同立地类型气温动态变化监测

从不同立地类型气温度曲线来看（图 2-14），在监测时间段内，日平均气温最大值均出现在 12：00，其次均出现在 14：00。从不同立地类型来看，防护林玉米地日平均气温最低，为 30.82℃，防护林育苗地地最高，为 33.2℃，无防护林草地区域为 32.28℃，与防护林育苗地和灌木防护林均较接近，可能是由于无防护林草地区较通风，空气流动性大，气温相对较低，而防护林育苗地由于地势相对低洼，空气流通性较差，气温相对较高，但相差不大。整体看来，除 10：00 时间段外，4 个监测区域日气温变化幅度和差异均不明显。

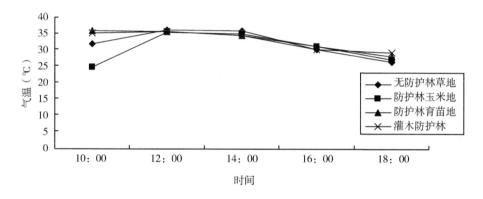

图 2-14　不同立地类型地表气温曲线图

三、不同立地类型地表光照强度动态变化监测

从不同立地类型地表光照强度曲线来看（图 2-15），在监测时间段内，除防护林育苗地外，其余立地类型的日平均光照强度最大值均出现在 12：00，以无防护林草地区域光照强度最大，从 10：00—14：00 表现最明显，自 16：00—18：00 开始，不同立地类型间光照强度趋于相似。整体来看，地表光照强度变化幅度和变化趋势均与地表土壤温度、地表气温监测结果均相似。换言之，防护林玉米地、灌木防护林、防护林育苗地由于植被较多，覆盖度较高，光照强度日变化较缓和，随着光照强度的逐渐增强或减弱均趋于滞后性变换。说明在日照最为强烈的 8 月，有防护林保护下的农田植被覆盖有利于保持较稳定、较低的、持续缓和的光照强度，有利于该区域内植被的正常生长。

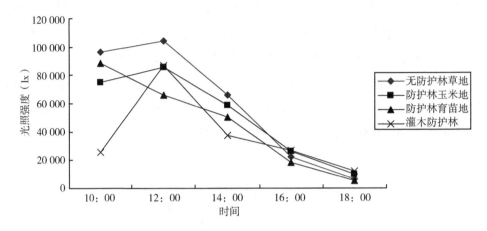

图 2-15　不同立地类型地表光照强度曲线图

第五节　荒漠草原无林地 PM2.5、PM10 浓度的时间变化特征及其气象影响因素关系

　　分散在大气气溶胶中的粒子被称为大气颗粒物（马雁君等，2005）。大气颗粒物严重危害大气环境，影响空气质量（吴雁等，2015），其中包含着一次与二次颗粒物的 PM2.5、PM10 是大气颗粒物重要组成部分。根据空气动力学分类方法，将颗粒直径≤10μm 颗粒物称为可吸入颗粒物，又称为 PM10；将颗粒直径≤2.5μm 颗粒物称为细颗粒物，又称为 PM2.5。可吸入颗粒物与细颗粒物由于粒径体积较小，表面积较大，重金属、有机物这类有毒物质更容易吸附在颗粒表面，对大气能见度产生影响（吴兑等，2005；侯飙等，2011；刘巧婧，2019）。这些有毒物质以颗粒物为载体进入土壤与水系统，降低土壤与水源质量（蒋轶伦，2011）。大量的 PM2.5 与 PM10 进入人体后严重损伤人体的神经以及呼吸系统，增加了患病风险（金曼等，2016；曾强等，2018；曾强等，2015）。此外，可吸收颗粒物与细颗粒物由于粒径较小，飘浮在空中难以沉降，容易被长时间、大范围的搬运，对空气质量造成严重危害（李彩霞等，2015）。由于

PM2.5 与 PM10 危害巨大，近年来，我国对其展开了广泛研究。

　　PM2.5 与 PM10 的研究大多都建立在时间与空间两个维度基础上，从多个方面入手对其展开观测分析。研究 PM2.5 与 PM10 浓度的年、季、月、日变化特征发现，南北方的 PM2.5 与 PM10 年平均浓度数值存在明显差异；同一地点不同年份的 PM2.5 与 PM10 浓度数值变化较大。冬春季节可吸入颗粒物与细颗粒物浓度大于同年夏秋季节数值；不同地点同年不同月份的 PM2.5 与 PM10 浓度数值变化特征存在差异。PM2.5 与 PM10 的浓度日均值在每天早晨与傍晚出现两个峰值（贾小芳等，2018；宁国法等，2017；王英刚等，2020；张青等，2019；陈雅真等，2019；董娅伟等，2015）。对 PM2.5 与 PM10 来源进行源分析后发现，不同地区的污染源不同。北京地区的主要污染来源是工业污染与交通污染（刘晓涛等，2019）；新乡—郑州地区的主要污染源是煤炭燃烧与交通污染（闫广轩等，2019）。还有学者结合了颗粒污染物的来源以及大环境变化特征，利用数据模型对未来颗粒物的浓度变化数值进行模拟（张樱等，2018；孙成等，2019）。同时对气象因素例如风速、温度、相对湿度与 PM2.5、PM10 的关系也进行了研究。研究结果发现，在一定的风速数值范围内，随着风速数值的增加，PM2.5、PM10 浓度数值降低；但风速数值不断增加，PM2.5 与 PM10 浓度变化呈一定的增加趋势（程慧波，2016；李龙，2019）。大多研究表明温度与可吸入颗粒物、细颗粒物浓度呈负相关关系，随着温度数值的增加，颗粒物浓度数值减小（黄善斌等，2020；王翠连等，2019）；大气气压与颗粒物浓度正相关（谢劲峰等，2020）。在一定的湿度阈值下，PM2.5、PM10 浓度数值与相对湿度数值为正相关关系，但是随着空气湿度增大，PM2.5、PM10 浓度呈相反变化趋势（戴永立等，2013）。降水量与 PM2.5、PM10 的关系较为复杂，降水量小持续时间长或者降水量大对 PM2.5、PM10 起到一定冲刷作用，但清除作用临界值研究结果不一（韩军彩等，2016；张玮等，2016）。

　　由于现有文献报道对 PM2.5、PM10 的变化特征及其与气象因素关系研究较为广泛。由于荒漠草原特别是无林区 PM2.5、PM10 浓度受沙尘危害影响较大，因此其危害性主要表现为突发性、短期性。但现有研究对荒漠草原无林地的颗粒物浓度研究较少。本研究对 2019 年干旱风沙区盐池荒漠草原无林地的 PM2.5 与 PM10 浓度数值以及气象因素数据进行研究分析，旨在为全面充分了解荒漠草原无林地的颗粒物变化特征及其主要影响因素，为该区域的沙尘防治提供技术参考。

一、研究区域与方法

1. 研究区概况

荒漠草原无林地位于宁夏回族自治区盐池县，以麻黄山为界，北部大部分属鄂尔多斯高原，南部为黄土丘陵区。处于半干旱与干旱气候过渡带上，属典型的温带大陆性气候，年平均降水量 250~350mm。灌木主要以北沙柳和中间锦鸡儿为主，草原植被主要有短花针茅（*Stipa breviflora*）、蒙古冰草（*Agropyron mongolicum*）、牛枝子（*Lespedeza potaninii*）、长芒草（*Stipa bungeana*）等。土壤以灰钙土、风沙土、黄绵土、黑垆土为主。

2. 数据来源

采集数据的地点位于盐池县狼子沟地区，地理坐标为北纬 37°53′9″，东经 106°57′49″。采用武汉新普惠生态仪器有限公司生产的 PC-4B 监测系统监测 PM2.5、PM10 浓度数值，进行 24h 不间断监测，实时显示传感器的数据。同时还可以监测气象数据，例如温度、相对湿度、气压等。

3. 数据分析

采用 2019 年整年的监测数据，并参照应用了 2020 年的监测数据，PM2.5、PM10 数据每 30min 记录一次，先求得每天的浓度平均数值，根据每天的日平均数值求出月平均数值，根据每个月的月平均数值求出季节平均数值。

Excel 进行数据整理，采用 SPSS 对不同季节的 PM2.5、PM10 浓度数值通过多重比较方法进行单因素方差分析，用 Pearson 分析 PM2.5、PM10 与气象因子之间的相关关系，Origin 7.5 作图。

二、结果与分析

1. PM2.5、PM10 浓度的月份变化特征

由图 2-16 可知，PM2.5、PM10 的浓度月均值整体大致呈现出"U"形变化趋势。1—5 月，PM2.5 与 PM10 月平均浓度数值不断降低；1 月的 PM2.5、PM10 月平均浓度数值最高，分别为 37.06μg/m³、44.81μg/m³。6 月浓度数值有所增加，7 月的 PM2.5 与 PM10 达到最低值为 11.64μg/m³、13.86μg/m³。8—12 月，PM2.5、PM10 浓度数值略有增加。

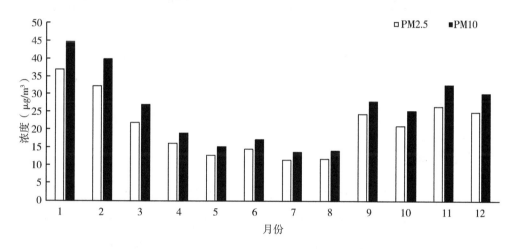

图 2-16　荒漠草原无林地 PM2.5、PM10 的月份变化特征

2. PM2.5、PM10 浓度的季节变化特征

根据国家统一季节划分标准分为春夏秋冬四季，春季为 3—5 月，夏季为 6—8 月，秋季为 9—11 月，冬季为 12 月至翌年 2 月。由图 2-17 可知，不同季节的 PM2.5、PM10 季节浓度平均值间存在差异。冬季的 PM2.5、PM10 浓度数值高于其他 3 个季节，其浓度分别为 31.52μg/m³、38.38μg/m³。夏季的 PM2.5、PM10 浓度最低，分别为 12.75μg/m³、15.16μg/m³。PM2.5、PM10 季节浓度均值由高到低为冬季>秋季>春季>夏季。

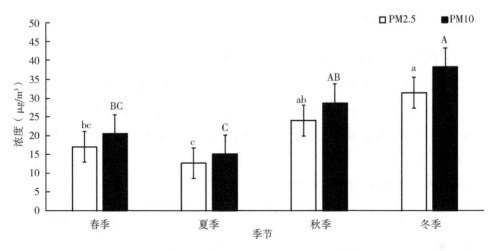

图 2-17 荒漠草原无林地 PM2.5、PM10 的季节变化特征

注：不同小写字母表示 PM2.5 在不同季节间数值存在显著差异；不同大写字母表示 PM10 在不同季节间数值存在差异（$P<0.05$）。

三、讨论

PM2.5 与 PM10 浓度对空气质量起着决定性作用，该研究可为荒漠草原空气污染治理提供依据（刘巧婧，2019）。荒漠草原无林地 1 月的 PM2.5、PM10 浓度高于其他月份，这可能是因为 1 月处于高压控制下的低风速、低气温、逆温差较大时期，再加上 1 月属于采暖期，污染源与气体排放量都增加，使得 PM2.5、PM10 浓度高于其他月份（李彩霞等，2015）。7 月的颗粒物浓度低于其他月份，与该月份处于高温度、降水多有着密切关联（宁国法等，2017）。从季节层面看，荒漠草原无林地地区的 PM2.5 与 PM10 浓度冬季浓度最大，夏季浓度最小，这与张青等研究出的冬季 PM2.5、PM10 浓度最高的研究结果一致（张青等，2019；陈雅真等，2019；董娅伟等，2015）。荒漠草原秋冬季节位于西伯利亚高压控制下，空气垂直运动较弱，温度较低，逆温层持续时间较长，降水较少，风沙较大，风沙天较多，使 PM2.5 与 PM10 易于累积，难以扩散。此外秋冬季处于采暖期，PM2.5 与 PM10 来源增加，使得秋冬季节的 PM2.5、PM10 浓度较大（宁国法等，2017；李龙等，2019）；受大陆性季风气候影响，夏季高温，对流空气旺盛，降水量大，有利于对颗粒物进行清除与稀释（杜容光等，2011），使得荒漠草原无林地地区的 PM2.5 与 PM10 浓度出现冬季高、夏季低的现象。

颗粒物浓度变化与气象因子息息相关，受气象因素特征的影响（谢劭峰等，2020）。从风速因子来看，在一定的风速临界值内，随着风速增加，颗粒物浓度呈降低趋势（李龙等，2019）。荒漠草原 1—5 月的风速数值大多 ≤4m/s，在这一临界值内 PM2.5、PM10 浓度降低，因为大气流动能力随着风速加强而增加，从而对于 PM2.5、PM10 的扩散能力加强（程慧波，2016）。而 9—12 月的风速数值大多 >4m/s，随着风速增加，颗粒物浓度呈增加趋势。这是因为风速较大时，易吹起沙尘，形成风沙天气，颗粒物浓度增加（李龙等，2019）。但由于各地的地域性，风速对颗粒物影响的临界值不同。从温度因子来看，温度与 PM2.5、PM10 浓度呈负相关，与大多研究结果相似（黄善斌等，2020；王翠连等，2019；谢劭峰等，2020）。温度越高，空气垂直运动增加，气流活动增加，稀释能力增强，颗粒物浓度降低（李龙等，2019）。温度较低，气流水平与垂直运动较少，再加上逆温层出现，使得 PM2.5、PM10 不断累积，浓度增加（宋鹏等，2017）。从相对湿度因子来看，秋季的 PM10 浓度与相对湿度呈显著负相关，秋季相对湿度数值 >50%，随着相对湿度增加，颗粒物浓度降低。此外还可知当相对湿度 ≤50% 时，颗粒物浓度随着相对湿度的增加而增加。这是因为水汽对颗粒物有吸附作用，颗粒物形态发生转变，同时一些化学成分在水分的作用下由一次颗粒物向二次颗粒物转化，大气中颗粒物不断累积，浓度上升（李龙等，2019；宋鹏等，2017）。当相对湿度 >50% 时，易形成降雨，对空气中的颗粒物起到冲刷清除作用，从而有效降低空气中 PM2.5、PM10 浓度。从大气气压因子来看，全年大气气压与 PM2.5、PM10 浓度呈正相关，气压越高，空气颗粒物不断累积，不易扩散（张玮等，2016）。但夏秋冬 3 个季节的 PM2.5、PM10 浓度与大气气压呈负相关，其原因有待进一步探究。此外在对比 2019 年与 2020 年的数据发现，两年的 PM2.5、PM10 变化规律以及与气象因子之间的差异无明显差异。

四、结论

本研究以荒漠草原无林地区域的 PM2.5、PM10 浓度为研究对象，对颗粒物随时间变化特征以及其与气象因素之间关系进行研究，结果表明，①1 月的 PM2.5、PM10 月平均浓度数值最高，分别为 37.06μg/m³、44.81μg/m³。7 月的 PM2.5 与 PM10 浓度达到最低值 11.64μg/m³、13.86μg/m³。PM2.5、PM10 季节浓度均值由高到低为冬季>秋季>春季>夏季。②不同季节的气象因子对 PM2.5、PM10 浓度影响不同，春季的 PM2.5、PM10 浓度与风速呈极显著负相关，与温度呈显著负相关；秋季的 PM2.5 浓度与大气气压极显著负相关；冬季的 PM2.5、PM10 浓度与风速呈显著负相关。全年的 PM2.5、PM10 浓度与温度极显著负相关，与大气气压呈极显著正相关。

第三章　宁夏干旱风沙区不同林地
土壤持水性研究

北方典型荒漠及荒漠化地区总体降水量偏少，土壤水分的主要来源是降水和地下水。水分条件是导致土质荒漠化的制约性因素。土地利用是人类利用土地各种活动的综合反映，对土壤质量产生最直接最深刻的影响。合理的土地利用方式可以改善土壤结构，通过影响土壤容重和孔隙状况来影响土壤入渗规律和溶质运移特征（肖丽萍等，2011）。土壤是一种高度复杂的非饱和介质，其蓄持水分的能力受土壤自身条件及气候条件等多方面的影响，但土壤自身条件是主要因素，土壤自身理化性质影响土壤蓄水性能是通过影响孔隙状况与比表面积来实现的。所以，对土壤孔隙度有直接影响的土壤容重必然会对其水分蓄持能力产生一定影响。一般认为，土壤容重越小，非毛管孔隙度毛管孔隙度和总孔隙度越大，土壤的滞留贮水量，吸持贮水量和饱和贮水量越大。

第一节　宁夏干旱风沙区不同植被类型土壤持水性研究

一、宁夏干旱风沙区典型自然地貌土壤持水性

试验以干旱风沙区具有代表性的自然林地作为试验对象，在大墩梁的流动沙丘、大水坑的苜蓿地以及高沙窝的放牧草地利用环刀法采取土样测定土壤的物理

性质，通过公式推算出土壤的储水量、土壤容重等一系列土壤物理参数，分析不同植被类型的土壤的持水性变化规律。

1. 自然地貌土壤持水性垂直变化规律

(1) 自然地貌土壤储水量

表 3-1 表明，位于大墩梁的流动沙丘土壤储水量比其他自然林地的土壤储水量更丰富，平均土壤储水量为 19.49mm，在 0～20cm 的土壤储水量最大为 27.08mm，明显大于平均储水量；20～40cm 的土壤储水量明显降低，其数值为 14.21mm；40～100cm 土壤储水量又逐渐增多。位于大水坑的苜蓿林地的土壤储水量主要集中在 40～80cm，40～60cm 的土壤储水量最高为 23.93mm，在 20～40cm 的土壤储水量明显不足，储水量<10mm，苜蓿地的平均储水量为 18.14mm。高沙窝的放牧草地为 17.81mm，与苜蓿地的平均储水量以及水分垂直分布规律相似。20～40cm 的土壤储水量最低为 13.43mm，40～60cm 的土壤储水量最高，为 22.10mm，其余深度土壤储水量在平均值 17.81mm 左右波动。

表 3-1　自然地貌土壤储水量垂直变化　　　　　　　　单位：mm

自然地貌类型	土壤储水量					
	0～20cm	20～40cm	40～60cm	60～80cm	80～100cm	总平均值
流动沙丘（大墩梁）	27.08	14.21	16.95	18.19	21.00	19.49±4.89A
苜蓿地（大水坑）	17.77	9.63	23.93	21.95	17.43	18.14±5.50A
放牧草地（高沙窝）	18.07	13.43	22.10	18.33	17.13	17.81±3.10A

注：A 表示在 0.01 水平上差异不显著。

(2) 自然地貌土壤容重

位于大墩梁区域的流动沙丘的土壤容重随着土壤深度的增加变化不大，土壤容重在 1.63g/cm³ 左右，在 20～40cm 时，容重值较大为 1.65g/cm³。位于大水坑区域的苜蓿的土壤容重随着土壤深度的加深有明显的变化趋势，在土壤深度为 0～20cm 时，土壤的容重相对较低为 1.43g/cm³，当土壤深度在 20～80cm 时，土壤容重出现明显的上升趋势，当土壤深度达到 60～80cm 时，土壤容重较高为

1. 63g/cm³，在 80~100cm 时，土壤容重有所下降（1.57g/cm³），但高于土壤容重平均值 1.53g/cm³。高沙窝的放牧草地的总土壤容重为 1.48g/cm³，低于大墩梁的流动沙丘和大水坑的苜蓿的土壤平均容重，通过观察表 3-2 的数据可得，高沙窝的放牧草地土壤深度在 20~40cm 时，土壤容重值为拐点，其数值为 1.52g/cm³，总体来看，放牧草地的变化趋势不大。

表 3-2　自然地貌土壤容重垂直变化　　　　　　　单位：g/cm³

自然地貌类型	土壤容重					
	0~20cm	20~40cm	40~60cm	60~80cm	80~100cm	总平均值
流动沙丘（大墩梁）	1.61	1.65	1.62	1.60	1.64	1.63±0.02A
苜蓿地（大水坑）	1.43	1.51	1.53	1.63	1.57	1.53±0.07B
放牧草地（高沙窝）	1.44	1.52	1.44	1.50	1.49	1.48±0.04B

（3）自然地貌土壤最大持水率

通过分析表 3-3 中的自然林地的土壤最大持水率变化可知，大墩梁区域的流动沙丘土壤深度在 0~40cm 时土壤持水率最大；在 20~40cm 时，土壤最大持水率为 20.45%，低于平均值 22.99%；在 60~80cm 土壤最大持水率较高，达到 24.63%。大水坑苜蓿地垂直深度平均最大持水率为 25.34%，土壤深度在 0~60cm 时，最大持水率均高于其平均值，并且随着土壤的深度的增加最大持水率逐渐降低，在深度为 0~20cm 时，土壤最大持水率相对较高，达到 30.44%。高沙窝放牧草地的最大持水率在 0~40cm 呈现出下降趋势，深度为 40~60cm 时，最大持水率升高至 29.82%，在 60cm 深度下的最大持水率较低，其平均土壤最大持水率（28.12%）远高于大墩梁区域的流动沙丘和大水坑苜蓿地。

表 3-3　自然地貌土壤最大持水率垂直变化　　　　　单位:%

自然地貌类型	最大持水率					
	0~20cm	20~40cm	40~60cm	60~80cm	80~100cm	总平均值
流动沙丘（大墩梁）	23.77	20.45	22.70	24.63	23.38	22.99±1.58B

（续表）

自然地貌类型	最大持水率					
	0~20cm	20~40cm	40~60cm	60~80cm	80~100cm	总平均值
苜蓿地（大水坑）	30.44	25.97	24.89	22.57	22.85	25.34±3.18AB
放牧草地（高沙窝）	29.85	26.81	29.82	26.96	27.14	28.12±1.58A

（4）干旱带自然地土壤最大持水量

根据表3-4的自然林地的土壤最大持水量随土壤深度的变化可知，大墩梁区域的流动沙丘土壤最大持水量的变化总体呈现出先降低再升高再降低的趋势。在20~40cm时出现最小值为67.32mm，且低于0~100cm深度的平均最大持水量（74.16mm），在60~80cm深度时，土壤最大持水量较高，为79.02mm。大水坑苜蓿地垂直深度平均最大持水为78.75mm，土壤的最大持水量随着土壤深度的增加而逐渐降低，在深度为0~20cm时，土壤最大持水量相对较高。高沙窝的放牧草地土壤在40~60cm时，土壤最大持水量高于其他土层，其数值为85.90mm，并且高沙窝的放牧草地的平均最大持水量高于其他两个地区的最大持水量（82.87mm）。

表3-4　自然地貌土壤最大持水量垂直变化　　　　单位：mm

自然地貌类型	最大持水量					
	0~20cm	20~40cm	40~60cm	60~80cm	80~100cm	总平均值
流动沙丘（大墩梁）	76.77	67.32	73.53	79.02	74.16	74.16±4.40B
苜蓿地（大水坑）	87.33	78.17	76.10	73.40	78.75	78.75±5.24AB
放牧草地（高沙窝）	85.77	81.43	85.90	80.63	80.63	82.87±2.72A

（5）干旱带自然地土壤最小持水率

为了研究自然林地的最小持水率与土壤深度和植被的关系，利用环刀法得到土壤样品，再根据公式得出最小持水率。根据数据显示（表3-5），大墩梁区域的流动沙丘土壤深度在0~80cm时，最小持水率随着土壤深度的增加呈现上升的趋势，在60~80cm深度时，土壤最小持水率有最大值18.72%；土壤深度在80~

100cm 时，土壤最小持水率降低至 16.16%。大水坑苜蓿地土壤最小持水率与土壤深度的变化趋势主要表现为先降低后略有升高，土壤深度在 60~80cm 时，最小持水率相对较低（15.51%）。高沙窝放牧草地在不同土壤深度下的土壤最小持水率随着土壤深度的增加呈现出先增加后降低再略微上升的趋势，土壤深度在40~60cm 时，最小持水率达最大值22.25%，当土壤深度达到 60~80cm 时，最小持水率最低（20.78%）。比较这三个含有不同植被地区的垂直土壤中平均最小持水率发现高沙窝放牧草地远大于其余两种植被类型。

表 3-5　自然地貌土壤最小持水率垂直变化　　　　　　单位：%

地貌类型	最小持水率					
	0~20cm	20~40cm	40~60cm	60~80cm	80~100cm	总平均值
流动沙丘（大墩梁）	15.45	15.57	16.00	18.72	16.16	16.38±1.34B
苜蓿地（大水坑）	23.14	18.20	17.28	15.51	16.05	18.11±3.04B
放牧草地（高沙窝）	21.24	22.03	22.25	20.78	21.22	21.21±0.61A

（6）干旱带自然地土壤最小持水量

根据最小持水率与土壤容重可以得出最小持水量，由表3-6中数据可知，大墩梁区域流动沙丘的各土壤样品最小持水量随着土壤深度增加表现为先上升后下降，当样品深度在60~80cm 时土壤最小持水量较大，为60.03mm。大水坑区域苜蓿地的土壤最小持水量随着土壤深度的增加逐渐降低，土壤深度在 0~20cm 时，土壤最小持水量最高（66.40mm），高沙窝区域放牧草地在不同土层下的土

表 3-6　自然地貌土壤最小持水量垂直变化　　　　　　单位：mm

地貌类型	最小持水量					
	0~20cm	20~40cm	40~60cm	60~80cm	80~100cm	总平均值
流动沙丘（大墩梁）	49.90	51.23	51.83	60.03	53.13	53.23±3.98B
苜蓿地（大水坑）	66.40	54.80	52.83	50.45	56.12	56.12±6.13B
放牧草地（高沙窝）	61.03	66.93	64.10	62.17	63.56	63.56±2.24A

壤最小持水量均>60mm，表明此地区的放牧草地土壤保持水分能力较强，随着土壤深度的增加呈现出先增加后降低再略微上升，土壤深度在 20~40cm 时，最小持水量较高为 66.93mm。

（7）干旱带自然地土壤毛管持水率

毛管持水率如表 3-7 可知，大墩梁区域的流动沙丘毛管持水率随着土壤深度的增加表现出一定的波动性，基本为先降低后升高再降低趋势，土壤深度在 0~60cm 时，土壤的毛管持水率均低于平均毛管持水率（17.26%）；土壤深度为 60~80cm 时，土样的毛管持水率相对较高，为 19.35%。大水坑区域的毛管持水率随着土壤深度的增加主要呈下降趋势，土壤深度在 40~100cm 时，毛管持水率均小于平均毛管持水率 22.96%，表明水分主要集中在土壤的表层；土壤深度在 0~20cm 时，土壤毛管持水率较高，为 26.87%。高沙窝的放牧草地毛管持水率主要集中在 23%左右，随着土壤深度的增加毛管持水率变化不明显。高沙窝的放牧草地平均毛管持水率与大水坑的苜蓿地平均毛管持水率相差不大，均在 23%左右，但两者均高于流动沙丘地区。

表 3-7　自然地貌土壤毛管持水率垂直变化　　　　　　　　单位:%

地貌类型	毛管持水率					
	0~20cm	20~40cm	40~60cm	60~80cm	80~100cm	总平均值
流动沙丘（大墩梁）	16.37	16.17	16.97	19.35	17.42	17.26±1.27B
苜蓿地（大水坑）	26.87	23.05	22.77	20.51	21.61	22.96±2.41A
放牧草地（高沙窝）	23.95	23.18	24.40	22.31	24.02	23.57±0.83A

（8）干旱带自然地土壤毛管持水量

根据表 3-8 可知，大墩梁区域的流动沙丘毛管持水量随土壤深度的增加呈先升高再降低的趋势，当土壤深度为 60~80cm 时，土壤的毛管持水量相对较高，为 62.07mm；土壤深度在 0~20cm 时，土壤毛管持水量相对较低（52.87mm）。大水坑区域的土样除土层深度在 0~20cm 时毛管持水量较高（77.10mm）以外，其余土壤深度下均低于平均毛管持水量 70.11mm。高沙窝的放牧草地毛管持水量随土壤深度的增加表现为先增加后降低再增加的趋势，当土壤深度为 20~40cm 时，放牧草地的毛管持水量相对较高（70.40mm）。

表 3-8　自然地貌土壤毛管持水量垂直变化　　　　　　　　单位：mm

地貌类型	毛管持水量					
	0~20cm	20~40cm	40~60cm	60~80cm	80~100cm	总平均值
流动沙丘（大墩梁）	52.87	53.23	54.97	62.07	57.27	56.08±3.77B
苜蓿地（大水坑）	77.10	69.40	69.63	66.70	67.70	70.11±4.09A
放牧草地（高沙窝）	68.80	70.40	70.27	66.73	69.05	69.05±1.48A

（9）干旱带自然地土壤非毛管孔隙度

土壤孔隙度是反映土壤的通气性、透水性和持水能力等的一个重要指标，非毛管孔隙度可以反映土壤潜在渗透能力（郭羽华，2009）。由表 3-9 可知，大墩梁区域的流动沙丘土壤的非毛管孔隙度随着土壤深度的增加表现为波浪式降低，在 0~20cm 土壤表层时，土壤的非毛管孔隙度较高，为 11.95%，高于非毛管孔隙度的平均值 9.31%。大水坑区域除土壤深度为 0~20cm 时非毛管孔隙度相对较高（5.12%）外，其余土壤深度下，土壤非毛管孔隙度随土壤深度的加深逐渐降低，在土壤深度为 80~100cm 时，土壤非毛管孔隙度相对偏低，为 1.93%。高沙窝的放牧草地非毛管孔隙度随着土壤深度的增加表现为先降低后增加再降低的趋势，但土壤样品收集于表层和中下层时，土壤的非毛管孔隙度相差较大，当土壤深度为 0~20cm 时，放牧草地的非毛管孔隙度相对较高，为 8.48%。三种不同植被覆盖状况的自然林地总体表现为土壤表层（0~20cm）的非毛管孔隙度大于中下层（20~80cm）土壤，可以看出表层土壤的渗透性能力优于中下层。

表 3-9　自然地貌土壤非毛管孔隙度垂直变化　　　　　　　　单位:%

自然地貌类型	非毛管孔隙度					
	0~20cm	20~40cm	40~60cm	60~80cm	80~100cm	总平均值
流动沙丘（大墩梁）	11.95	7.04	9.28	8.48	9.79	9.31±1.81A

（续表）

自然地貌类型	非毛管孔隙度					
	0~20cm	20~40cm	40~60cm	60~80cm	80~100cm	总平均值
苜蓿地（大水坑）	5.12	4.38	3.23	3.35	4.02	4.02±0.78B
放牧草地（高沙窝）	8.48	5.52	7.82	6.95	7.19	7.19±1.11C

（10）干旱带自然地土壤毛管孔隙度

大墩梁区域流动沙丘的土壤毛管孔隙度（表3-10），随土壤深度的增加而增加，在0~20cm土壤表层时，土壤的毛管孔隙度较低，为26.43%；土壤深度在0~60cm时，土壤的毛管孔隙度均低于平均毛管孔隙度28.04%。大水坑区域的毛管孔隙度总体随土壤深度的增加而降低；在土壤深度为60~80cm时，土壤毛管孔隙度较低（33.35%）。高沙窝放牧草地的毛管孔隙度随着土壤深度的变化主要集中在34%左右，土壤深度在60~80cm时，土壤毛管孔隙度为33.37%，土壤深度达到80~100cm时，土壤毛管孔隙度较高，为35.68%。

通过比较三种植被状态不同的自然林地土壤毛管孔隙度最大值与最小值的差异可以看出，大墩梁区域的流动沙丘毛管孔隙度随土壤深度的变化幅度较大，与苜蓿地和放牧草地相比存在极显著性差异，表明不同土壤深度的孔隙状态差异较大；高沙窝的放牧草地变化幅度较小，表明不同深度下土壤的孔隙情况变化不大。

表3-10　自然地貌土壤毛管孔隙度垂直变化　　　　　　单位:%

自然地貌类型	毛管孔隙度					
	0~20cm	20~40cm	40~60cm	60~80cm	80~100cm	总平均值
流动沙丘（大墩梁）	26.43	26.62	27.48	31.03	28.63	28.04±1.89B
苜蓿地（大水坑）	38.55	34.70	34.82	33.35	33.85	35.05±2.05A
放牧草地（高沙窝）	34.40	35.20	35.13	33.37	35.68	34.76±0.90A

（11）干旱带自然地土壤总孔隙度

土壤总孔隙度即土壤毛管孔隙度和非毛管孔隙度之和，土壤总孔隙度主要表现为土壤孔隙所占容积的比例。根据表 3–11 可知，大墩梁区域流动沙丘的土壤毛管总孔隙度随着土壤深度的增加表现为降低—增加—降低的趋势，平均孔隙度为 37. 35%，当土壤深度为 60~80cm 时，土壤的总毛管孔隙度最高，为 39. 51%；土壤深度在 20~40cm 时，土壤的总毛管孔隙度最低，为 33. 66%。大水坑区域的总毛管孔隙度随土壤深度的增加而降低，当土壤深度为 0~20cm 时，土壤总毛管孔隙度较高为 43. 67%；在土壤深度为 80~100cm 时，土壤的总毛管孔隙度最低（35. 78%），降低趋势较为明显。高沙窝放牧草地随土壤深度的增加总毛管孔隙度变化差异不显著，在 41% 左右，土壤深度在 40~60cm 时，土壤总毛管孔隙度较大，为 42. 95%；土壤深度在 60~80cm 和 80~100cm 时，土壤总毛管孔隙度均为 40. 32%。

表 3–11　自然地貌土壤总孔隙度垂直变化　　　　　　　单位:%

自然地貌类型	总孔隙度					
	0~20cm	20~40cm	40~60cm	60~80cm	80~100cm	总平均值
流动沙丘（大墩梁）	38. 38	33. 66	36. 77	39. 51	38. 43	37. 35±2. 28B
苜蓿地（大水坑）	43. 67	39. 08	38. 05	36. 70	35. 78	38. 66±3. 07AB
放牧草地（高沙窝）	42. 88	40. 72	42. 95	40. 32	40. 32	41. 45±1. 36A

通过比较三种不同植被状态的自然林地土壤平均总毛管孔隙度发现，放牧草地（高沙窝）的数值最大。

2. 自然地貌土壤持水性变化规律

通过试验测得土壤孔隙度和水分状况的相关评价指标，自然林地的各评价指标的数据见表 3–12，大墩梁区域的流动沙丘土壤容重和土壤储水量分别为 1. 63g/cm³、19. 49mm。大水坑区域的苜蓿地土壤容重以及土壤储水量稍大于高沙窝区域的放牧草地，但差异不明显。大墩梁区域的土壤容重较高，说明土壤密度较大，进一步表明此地区的土质沙化较为严重。通过分析表中数据还可看出，最大持水率、最大持水量、最小持水率、最小持水量的最大值出现在高沙窝的放牧草地上。同时，大水坑区域的苜蓿地和高沙窝的放牧草地毛管持水量相差不大，但均高于大墩梁区域的流动沙丘。这表明高沙窝区域的放牧草地土壤储水能力较强，土壤保持水分的能力也较强，水分流失相对较少；高沙窝区域的最小持水量较高，与毛管持水量较为接近，表明土壤毛管对水分的吸收能力较强，同样说明高沙窝区域的放牧草地保水能力较强。大墩梁区域的流动沙丘非毛管孔隙度高于其他两个地区，表明该地区土壤透气效果较好，可能是由于土壤沙质化导致其透气效果较好，同时也反映了土壤的潜在渗透能力高。高沙窝区域的放牧草地总毛管孔隙度均高于其他两地区，表明此地区的土壤孔隙所占容积的比例较高。

表 3-12   自然地貌土壤平均持水性变化

持水性	自然林地		
	流动沙丘（大墩梁）	苜蓿地（大水坑）	放牧草地（高沙窝）
土壤储水量（mm）	19.49±4.89A	18.14±5.50A	17.81±3.10A
土壤容重（g/cm³）	1.63±0.02A	1.53±0.07B	1.48±0.04B
最大持水率（%）	22.99±1.58B	25.34±3.18AB	28.12±1.58A
最大持水量（mm）	74.16±4.40B	78.75±5.24AB	82.87±2.72A
毛管持水率（%）	17.26±1.27B	22.96±2.41A	23.57±0.83A
毛管持水量（mm）	56.08±3.77B	70.11±4.09A	69.05±1.48A
最小持水率（%）	16.38±1.34B	18.04±3.04A	21.51±0.61A
最小持水量（mm）	53.23±3.98B	56.12±6.13B	63.56±2.24A
非毛管孔隙度（%）	9.31±1.81A	4.02±0.78B	7.19±1.11C
毛管孔隙度（%）	28.04±1.89B	35.05±2.05A	34.76±0.90A
总孔隙度（%）	37.35±2.28B	38.66±3.07AB	41.45±1.36A

二、宁夏干旱风沙区不同灌木土壤持水性

1. 不同灌木不同深度土壤持水性变化规律

（1）主要灌木林土壤储水量

根据表 3-13 可知，不同灌木在不同土壤深度下的土壤储水量不同，除沙泉

表 3-13　灌木林地土壤储水量垂直变化　　　　　单位：mm

灌木类型	土壤储水量					
	0~20cm	20~40cm	40~60cm	60~80cm	80~100cm	总平均值
灌木混交林（沙木蓼、柠条、沙蒿）（大墩梁）	22.60	22.83	16.24	16.17	15.04	18.58±3.80B
杨柴（沙泉湾）	16.73	16.15	14.65	22.00	12.05	16.32±3.66B
灌木区（沙冬青、华北紫丁香、连翘）（生态园）	33.56	22.10	12.82	30.89	42.94	28.46±11.47A
1m×6m 柠条、退耕还林（高沙窝）	22.10	27.77	21.40	17.53	18.70	21.50±3.98AB
封育沙蒿（高沙窝）	17.63	18.85	24.65	16.40	19.33	19.37±3.16B
柠条（高沙窝）	10.17	16.00	17.13	21.93	19.10	16.87±4.37B
沙柳（高沙窝）	6.50	10.83	25.53	29.17	14.73	17.35±9.66B

湾区域的杨柴林土壤储水量随着土壤深度的增加表现出降低—增加—降低的趋势和生态园区域由沙冬青（*Ammopiptanthus mongolicus*）、华北紫丁香（*Syringa oblata*）、连翘（*Forsythia suspensa*）组成的灌木区土壤储水量随土壤深度的增加表现为降低—增加的趋势，其余大部分灌木林地均呈增加—降低的趋势。大墩梁区域的沙木蓼（*Atraphaxis bracteata*）、柠条、沙蒿形成的灌木混交林在土壤深度为20~40cm 时，土壤储水量较高（22.83mm），较 80~100cm 时的土壤储水量（15.04mm）增长了 34.12%。沙泉湾的杨柴林地土壤储水量在60~80cm 时较高，为 22.00mm，但在 80~100cm 时降为 12.05mm，下降了 45.23%。生态园区域由沙冬青、华北紫丁香、连翘组成的灌木区在土壤深度为 40~60cm 时，土壤储水量较低，为 12.82mm，在 80~100cm 时达最大值 42.94mm，是储水量较低时的3.35 倍。高沙窝区域退耕还林地，密度为 1m×6m 的柠条土壤深度为 0~40cm 时，土壤储水量均在 22mm 以上；在 20~40cm 深度时土壤储水量较高，为 27.77mm；土壤在 60~80cm 深度时有最小值 17.53mm。高沙窝的封育沙蒿土壤深度在 40~

60cm 时，土壤储水量相对较高，为 24.65mm，其余土壤深度储水量在 18mm 左右。高沙窝区域的柠条和沙柳林地土壤储水量变化趋势基本一致，土壤深度在 60~80cm 时，土壤储水量均较高，分别为 21.93mm、29.17mm，而土壤表层（0~20cm）的储水量相对偏低，分别为 10.17mm、6.50mm。

（2）主要灌木林土壤容重

根据表 3-14 可知，大墩梁区域由沙木蓼、柠条、沙蒿组成的灌木混交林地的土壤容重随土壤深度的增加总体呈先上升后下降的趋势，土壤深度在 60~80cm 时，土壤容重较高，为 1.72g/cm³，土壤表层的土壤容重较低，可能是由于各种灌木能改善土壤结构，使得土壤孔隙度和毛管孔隙得到提高，从而降低了表层的土壤容重。沙泉湾的杨柴地土壤容重随土壤深度的增加表现为先升高后降低的趋势，但是各土层的土壤容重相差不大，土壤深度为 40~60cm 时，土壤容重较高（1.57g/cm³），较 0~20cm 时的土壤容重（1.44g/cm³）高 0.08%。生态园中由沙冬青、华北紫丁香、连翘所组成的灌木区，土壤深度在 20~40cm 时土壤容重相对较高，为 1.47g/cm³，与土壤深度在 40~60cm 时的土壤容重相近，其余土壤深度的土壤容重均在 1.37g/cm³ 左右，土壤深度在 0~20cm 时，土壤容重均低于其他灌木林地。高沙窝区域退耕还林地的密度为 1m×6m 的柠条在土壤表层 0~20cm 时，土壤容重较大，为 1.52g/cm³；土壤深度在 20cm 以下时，土壤容重均在 1.40g/cm³ 左右。高沙窝区域的封育沙蒿土壤容重总平均值为 1.56g/cm³，在 80~100cm 土层时，土壤容重较高（1.61g/cm³）；土壤深度在 60~80cm 时，土壤容重较低，为 1.52g/cm³。高沙窝区域的柠条林地不同土壤深度的土壤容重并无较大波动，在深度为 40~60cm 时，土壤容重较高，为 1.52g/cm³；在土壤表层（0~20cm）时，土壤容重较低，为 1.47g/cm³；其余土壤深度下，土壤容重变化不大。高沙窝区域沙柳林地土壤深度为 20~40cm 时土壤容重最大，为 1.58g/cm³；其余深度的土壤容重变化差异较小，该林地的平均土壤容重为 1.54g/cm³。

表 3-14　灌木林地土壤容重垂直变化　　　　　　　　单位：g/cm³

灌木类型	土壤容重					
	0~20cm	20~40cm	40~60cm	60~80cm	80~100cm	总平均值
灌木混交林（沙木蓼、柠条、沙蒿）（大墩梁）	1.68	1.69	1.66	1.72	1.64	1.68±0.03A
杨柴（沙泉湾）	1.44	1.51	1.57	1.50	1.50	1.50±0.05C
灌木区（沙冬青、华北紫丁香、连翘）（生态园）	1.38	1.47	1.46	1.37	1.39	1.42±0.05D
1m×6m柠条、退耕还林（高沙窝）	1.52	1.35	1.37	1.38	1.40	1.40±0.07D
封育沙蒿（高沙窝）	1.55	1.58	1.57	1.52	1.61	1.56±0.03B
柠条（高沙窝）	1.47	1.49	1.52	1.49	1.52	1.50±0.02C
沙柳（高沙窝）	1.53	1.58	1.55	1.55	1.50	1.54±0.03BC

（3）主要灌木林土壤最大持水率

大墩梁区域由沙木蓼、柠条、沙蒿所形成的灌木混交林土壤最大持水率随土壤深度的增加呈先升高后降低再升高的趋势（表 3-15），当土壤深度在 20~40cm 时，土壤最大持水率较高，为 21.88%。沙泉湾区域的杨柴林地土壤最大持水率随着土壤深度的增加表现为先降低后升高再降低的趋势，土壤深度在 0~20cm 与 60~80cm 时土壤最大持水率相近，分别为 30.23%、30.57%；当土壤深度在 40~60cm 时，土壤最大持水率最低（25.32%）。由沙冬青、华北紫丁香、连翘所组成的生态园区域的灌木林地土壤最大持水率随土壤深度的增加呈现出先降低再升高的变化趋势，土壤深度在 80~100cm 时的土壤最大持水率较高，为 34.95%；土壤深度在 40~60cm 时，土壤最大持水率最小，为 23.65%。高沙窝区域密度为 1m×6m 的退耕还林地的土壤最大持水率随土壤深度的加深呈先上升后下降的趋势，土壤深度在 20cm 以下，土壤最大持水率均>30%，其中 20~40cm 时土壤最大持水率最高（31.48%）；0~20cm 时，土壤最大持水率较低，为 24.58%。在相同灌木林地，土壤深度为 60~80cm 时，高沙窝区域的封育沙蒿、柠条、沙柳灌木林地土壤最大持水率较高，分别为 27.85%、27.89%、27.31%，并且随土壤深度增加土壤最大持水率的变化不明显。

表 3-15　灌木林地土壤最大持水率垂直变化　　　　单位:%

灌木类型	土壤最大持水率					
	0~20cm	20~40cm	40~60cm	60~80cm	80~100cm	总平均值
灌木混交林（沙木蓼、柠条、沙蒿）（大墩梁）	18.09	21.88	20.57	19.34	21.49	20.27±1.56D
杨柴（沙泉湾）	30.23	29.33	25.32	30.57	27.54	28.60±2.18ABC
灌木区（沙冬青、华北紫丁香、连翘）（生态园）	34.74	25.53	23.65	33.37	34.95	30.45±5.42A
1m×6m 柠条、退耕还林（高沙窝）	24.58	31.48	31.11	30.64	30.14	29.59±2.85AB
封育沙蒿（高沙窝）	25.28	26.12	26.76	27.85	25.08	26.22±1.13BC
柠条（高沙窝）	26.64	26.79	25.60	27.89	25.96	26.58±0.88BC
沙柳（高沙窝）	26.20	24.77	25.80	27.31	26.12	26.04±0.91C

（4）主要灌木林土壤最大持水量

如表 3-16 所示，由沙木蓼、柠条、沙蒿所形成的大墩梁区域的灌木混交林土壤最大持水量随土壤深度增加呈升高—降低—升高的变化趋势，当土壤深度在 20~40cm 时，土壤最大持水量相对较高，为 74.13mm。杨柴灌木林地土壤最大持水量在 60~80cm 时土壤最大持水量较高，为 91.47mm；土壤深度为 40~60cm 时，土壤最大持水量最低为 79.45mm。由沙冬青、华北紫丁香、连翘组成的生态园区域的灌木林地土壤最大持水量随土壤深度的增加呈先降低后增高的变化趋势，土壤深度在 80~100cm 时的土壤最大持水量较高，为 97.05mm。同时，土壤深度在 40~60cm 时，土壤最大持水量为 69.27mm，远低于土壤在其他深度时的最大持水量。高沙窝区域密度为 1m×6m 的退耕还林地土壤最大持水量随土壤深度的增加呈先上升后下降的趋势，在 20cm 以下，土壤最大持水量变化不明显，均在 84mm 左右；土壤深度为 40~60cm 时土壤最大持水量为 85.13mm；土壤深度在 0~20cm 时，土壤最大持水量最低，为 74.77mm。高沙窝区域的封育沙蒿土壤最大持水量集中在 78.33~84.40mm，在土壤深度为 60~80cm 时，土壤最大持水量最高。土壤深度为 0～20cm 时，土壤最大持水量相对偏低（78.33mm）；高沙窝区域的柠条灌木林地除土壤深度在 60～80cm 时土壤最大持水量（83.00mm）较高外，其余土壤深度下，土壤最大持水量相差不大，均保持在78mm 左右；在深度为 40～60cm 时，土壤最大持水量最小，为77.63mm。高沙窝区域的沙柳土壤最大持水量同样在 60～80cm 时较高，为84.57mm，在 80～100cm 时，土壤最大持水量较低（78.10mm）。通过分析发现，杨柴、沙蒿、柠条、沙柳以及灌木区的土壤最大持水量基本无显著性差异，而大墩梁区域的灌木混交林最大持水量低于其他灌木林地，且存在极显著性差异。

表 3-16　灌木林地土壤最大持水量垂直变化　　　　　　单位：mm

灌木类型	土壤最大持水量					
	0～20cm	20～40cm	40～60cm	60～80cm	80～100cm	总平均值
灌木混交林（沙木蓼、柠条、沙蒿）（大墩梁）	60.71	74.13	68.47	66.49	70.46	68.05±4.98B
杨柴（沙泉湾）	87.17	88.55	79.45	91.47	82.75	85.88±4.77A
灌木区（沙冬青、华北紫丁香、连翘）（生态园）	96.20	74.83	69.27	91.60	97.05	85.79±12.86A
1m×6m 柠条、退耕还林（高沙窝）	74.77	84.77	85.13	84.73	84.63	82.81±4.50A
封育沙蒿（高沙窝）	78.33	82.45	84.00	84.40	80.70	81.98±2.50A
柠条（高沙窝）	78.17	79.60	77.63	83.00	79.03	79.49±2.11A
沙柳（高沙窝）	80.03	78.20	79.73	84.57	78.10	80.13±2.63A

（5）主要灌木林土壤毛管持水率

如表 3-17 可知，由沙木蓼、柠条、沙蒿组成的大墩梁区域灌木混交林土壤平均毛管持水率为 15.39%，低于其他地区灌木林地。当土壤深度在 20～40cm 时，土壤毛管持水率较高，为 18.99%；土壤深度在 60～80cm 时，土壤的毛管持水率较低，为 11.73%。沙泉湾区域的杨柴林地土壤毛管持水率在 60～80cm 时较高（28.12%）；土壤深度为 40～60cm 时，杨柴灌木地的土壤毛管持水率最小（24.11%）。由沙冬青、华北紫丁香、连翘组成的生态园区域的灌木林地土壤毛管持水率随土壤深度的增加呈先降低再升高的趋势，在土壤深度为 80～100cm 时，土壤毛管持水率最高，为 28.04%；当土壤深度为 40～60cm 时，土壤的毛管持水率达到最低值 18.25%。

表 3-17　灌木林地土壤毛管持水率垂直变化　　　　单位:%

灌木类型	土壤毛管持水率					
	0～20cm	20～40cm	40～60cm	60～80cm	80～100cm	总平均值
灌木混交林（沙木蓼、柠条、沙蒿）（大墩梁）	14.88	18.99	14.92	11.73	16.45	15.39±2.64D
杨柴（沙泉湾）	26.91	27.26	24.11	28.12	24.66	26.21±1.34A
灌木区（沙冬青、华北紫丁香、连翘）（生态园）	25.19	19.29	18.25	26.52	28.04	23.46±4.41AB
1m×6m 柠条、退耕还林（高沙窝）	21.65	25.58	26.57	26.30	26.09	25.24±2.04AB
封育沙蒿（高沙窝）	21.70	22.29	23.08	24.08	21.61	22.55±1.04BC
柠条（高沙窝）	21.66	22.82	21.75	24.40	22.44	22.61±1.11BC
沙柳（高沙窝）	18.43	20.91	22.38	20.86	19.15	20.35±1.57C

高沙窝区域密度为 1m×6m 的退耕还林灌木区土壤毛管持水率随土壤深度的增加呈先升高后降低。当土壤深度在 40～60cm 时，土壤毛管持水率较高，为 26.57%，土壤表层区（0～20cm）毛管持水率最低，为 21.65%，其余土壤深度下毛管持水率保持在 25% 左右。高沙窝区域的封育沙蒿和柠条林地毛管持水率均在土壤深度为 60～80cm 时较高，分别为 24.08%、24.40%。高沙窝区域的沙柳林地土壤毛管持水率随土壤深度的增加呈上升后下降的趋势，当土壤深度为 40～60cm 时，土壤毛管持水率最高，为 22.38%；0～20cm 的表层土壤中，毛管持水率相对偏低（18.43%）。

（6）主要灌木林土壤毛管持水量

由沙木蓼、柠条、沙蒿组成的大墩梁区域的灌木混交林土壤深度在 60～80cm 时（表 3-18），土壤毛管持水量最低，为 40.33mm；土壤深度为 0～20cm、40～60cm 时，土壤毛管持水量接近于平均值 50.00mm；20～40cm 时，土壤毛管持水量最高，为64.35mm。沙泉湾区域的杨柴林地土壤毛管持水量在60~80cm时最高，为84.13mm，当土壤深度为80~100cm时，杨柴灌木地的土壤毛管持水量最低，为74.10mm。由沙冬青、华北紫丁香、连翘组成的生态园区域的灌木林地土壤毛管持水量随土壤深度的增加表现为先降低后上升的趋势，在土壤深度为80~100cm时，土壤毛管持水量较高（77.85mm）；当土壤深度为40~60cm时，土壤毛管持水量为53.47mm。高沙窝区域密度为1m×6m的退耕还林灌木区，当土壤深度在60~100cm时，土壤毛管持水量较高，为73.27mm；土壤表层区（0~20cm）的土壤毛管持水量较低，为65.87mm。土壤深度在60~80cm时，高沙窝区域的封育沙蒿和柠条毛管持水量均较高，分别为73.00mm、72.60mm，并且封育沙蒿和柠条林地的土壤毛管持水量在0~20cm时均最低，分别为67.23mm、63.57mm。高沙窝区域的沙柳林地土壤毛管持水量随土壤深度的增加呈上升—下降的趋势，当土壤深度为40~60cm时，土壤毛管持水量最大，为69.17mm。

表3-18　灌木林地土壤毛管持水量垂直变化　　　　　　单位：mm

灌木类型	土壤毛管持水量					
	0~20cm	20~40cm	40~60cm	60~80cm	80~100cm	总平均值
灌木混交林（沙木蓼、柠条、沙蒿）（大墩梁）	49.95	64.35	49.67	40.33	53.93	51.65±8.68D
杨柴（沙泉湾）	77.60	82.30	75.65	84.13	74.10	78.76±4.31A
灌木区（沙冬青、华北紫丁香、连翘）（生态园）	69.75	56.53	53.47	72.80	77.85	66.08±10.58BC
1m×6m柠条、退耕还林（高沙窝）	65.87	68.90	72.70	72.73	73.27	70.69±3.21B
封育沙蒿（高沙窝）	67.23	70.35	72.45	73.00	69.53	70.51±2.33BC
柠条（高沙窝）	63.57	67.80	65.97	72.60	68.33	67.65±3.35BC
沙柳（高沙窝）	56.30	66.03	69.17	64.60	57.27	62.67±5.64C

（7）主要灌木林土壤最小持水率

据表3-19可知，由沙木蓼、柠条、沙蒿组成的大墩梁区域的灌木混交林土壤最小持水率随土壤深度的增加表现为先上升后降低再上升的趋势，当土壤深度在 20~40cm 时，土壤最小持水率较高，为 17.31%；土壤深度为 60~80cm 时，土壤最小持水率最低（13.22%）。沙泉湾区域的杨柴林地土壤最小持水率在 60~80cm 时较高，为 23.34%；其余土壤深度下的最小持水率较为接近平均值 20.74%。根据沙冬青、华北紫丁香、连翘组成的生态园区域的灌木区林地土壤持水率数据可知，土壤最小持水率随土壤深度的增加呈先下降后上升的趋势，且土壤深度在 80~100cm 时达最高值 28.04%；土壤深度在 40~60cm 时，土壤最小持水率较低（18.25%）。高沙窝区域密度为 1m×6m 的退耕还林灌木林地，0~20cm 时土壤最小持水率最低，为 19.06%，其余土壤深度下均在 23.46%~24.75%；土壤深度在 80~100cm 处时，土壤最小持水率较高，为 24.75%。高沙窝区域的封育沙蒿和柠条林地土壤最小持水率变化趋势基本一致，随土壤深度的增加均表现为先上升后下降的趋势，土壤深度在 60~80cm 时，土壤最小持水率均较高，分别为 23.40%、22.73%；土壤深度为 0~20cm 时，土壤最小持水率较低，分别为 20.20%、20.21%。高沙窝区域的沙柳林地土壤最小持水率随土壤深度的变化趋势为先上升后下降，在土壤深度为 40~60cm 时，土壤最小持水率较高（20.85%）；土壤表层（0~20cm）的土壤最小持水率最低，为 15.01%。

表 3-19　灌木林地土壤最小持水率垂直变化 　　　　　　　　单位:%

灌木类型	土壤最小持水率					
	0~20cm	20~40cm	40~60cm	60~80cm	80~100cm	总平均值
灌木混交林（沙木蓼、柠条、沙蒿）（大墩梁）	14.18	17.31	14.22	13.22	15.89	14.96±1.63C
杨柴（沙泉湾）	20.46	20.33	19.06	23.34	20.52	20.74±1.57AB
灌木区（沙冬青、华北紫丁香、连翘）（生态园）	25.19	19.29	18.25	26.52	28.04	23.46±4.41A
1m×6m 柠条、退耕还林（高沙窝）	19.06	23.46	24.53	24.31	24.75	23.22±2.38A
封育沙蒿（高沙窝）	20.20	21.46	22.06	23.40	20.71	21.59±1.25A
柠条（高沙窝）	20.21	20.57	20.45	22.73	21.45	21.08±1.03AB
沙柳（高沙窝）	15.01	19.81	20.85	19.27	16.89	18.37±2.35B

（8）主要灌木林土壤最小持水量

根据表 3-20 可知，由沙木蓼、柠条、沙蒿组成的大墩梁区域的灌木混交林的土壤最小持水量随土壤深度的增加基本呈上升—下降—上升的趋势，当土壤深度在 20~40cm 时，土壤最小持水量达 58.65mm；土壤深度为 60~80cm 时，土壤最小持水量较低，为 45.43mm。沙泉湾区域的杨柴林地土壤深度在 60~80cm 时，土壤最小持水量较高，为 69.58mm。由沙冬青、华北紫丁香、连翘组成的生态园区域的灌木林地土壤最小持水量随土壤深度的增加呈先下降后上升的趋势，80~100cm 时最小持水量达最高值 77.85mm；40~60cm 时，土壤最小持水量较低（53.47mm）。在 0~20cm 表层土壤时，高沙窝区域密度为 1m×6m 的退耕还林灌木林、封育沙蒿、柠条、沙柳最小持水量均最小，分别为 58.00mm、62.60mm、59.30mm、45.87mm；土壤深度为 80~100cm 时，高沙窝区域密度为 1m×6m 的退耕还林灌木林的土壤最小持水量较高，为 69.50mm。封育沙蒿和柠条在 60~80cm 时，土壤最小持水量均较高，分别为 70.93mm、67.63mm。高沙窝区域的沙柳在土壤深度为 40~60cm 时达最大值 64.43mm。

表 3-20　灌木林地土壤最小持水量垂直变化　　　　　　　　单位：mm

灌木类型	土壤最小持水量					
	0~20cm	20~40cm	40~60cm	60~80cm	80~100cm	总平均值
灌木混交林（沙木蓼、柠条、沙蒿）（大墩梁）	47.60	58.65	47.33	45.43	52.10	50.22±5.31C
杨柴（沙泉湾）	59.00	61.40	59.80	69.83	61.65	62.34±4.33AB
灌木区（沙冬青、华北紫丁香、连翘）（生态园）	69.75	56.53	53.47	72.80	77.85	66.08±10.58A
1m×6m 柠条、退耕还林（高沙窝）	58.00	63.17	67.13	67.23	69.50	65.01±4.53A
封育沙蒿（高沙窝）	62.60	67.75	69.25	70.93	66.63	67.43±3.51A
柠条（高沙窝）	59.30	61.13	62.03	67.63	65.30	63.08±3.35AB
沙柳（高沙窝）	45.87	62.57	64.43	59.67	50.50	56.61±8.04BC

通过对比几种灌木林地类型可知，生态园区域的灌木区、柠条的退耕还林

地、杨柴林、沙蒿林地以及柠条林地的最小持水量基本一致，无显著性差异，由此可知，这三个林地的表层土壤结构相似，其物理性质一致。而大墩梁区域的灌木混交林以及高沙窝区域的沙柳林地土壤最小持水量明显低于灌木林地，主要原因在于该地区的土壤以沙粒为主，土壤的储水效果不好，与其他林地相比存在极显著差异。

（9）干旱带主要灌木林土壤毛管孔隙度

毛管孔隙度是指微团聚体中和细上毛管孔隙的数量，通过分析不同灌木林地土壤毛管孔隙度可知（表3-21），由沙木蓼、柠条、沙蒿所组成的大墩梁区域的灌木混交林土壤毛管孔隙度随土壤深度的增加呈上升—下降—上升的大体趋势，当土壤深度在20~40cm时，土壤毛管孔隙度达最大值32.18%；在土壤深度为60~80cm时，土壤毛管孔隙度较低，为20.17%。沙泉湾区域的杨柴灌木林地在土壤深度为60~80cm和80~100cm时差异最大，分别为42.07%、37.05%。由沙冬青、华北紫丁香、连翘所组成的生态园的灌木区林地土壤毛管孔隙度随土壤深度的增加呈先下降后上升的趋势，土壤深度在80~100cm时毛管孔隙度达最高值38.93%；土壤深度在40~60cm时，土壤毛管孔隙度最小，为26.73%。土壤在0~20cm的表层时，高沙窝区域密度为1m×6m的退耕还林灌木林、封育沙蒿、柠条、沙柳毛管孔隙度均最小，分别为32.93%、33.62%、31.78%、28.15%；土壤深度为80~100cm时，高沙窝区域密度为1m×6m的退耕还林灌木林的土壤毛管孔隙度较高（36.63%）。高沙窝区域的封育沙蒿和柠条林地度在60~80cm时，土壤毛管孔隙度分别达最大值36.50%、36.30%。高沙窝区域的沙柳在土壤深度40~60cm时，土壤毛管孔隙度最高，为34.58%。

表3-21　灌木林地土壤毛管孔隙度垂直变化　　　　　　　　单位:%

灌木类型	土壤毛管孔隙度					
	0~20cm	20~40cm	40~60cm	60~80cm	80~100cm	总平均值
灌木混交林（沙木蓼、柠条、沙蒿）（大墩梁）	24.98	32.18	24.83	20.17	26.97	25.82±4.34D
杨柴（沙泉湾）	38.80	41.15	37.83	42.07	37.05	39.38±2.15A

（续表）

灌木类型	土壤毛管孔隙度					
	0~20cm	20~40cm	40~60cm	60~80cm	80~100cm	总平均值
灌木区（沙冬青、华北紫丁香、连翘）（生态园）	34.88	28.27	26.73	36.40	38.93	33.04±2.29BC
1m×6m 柠条、退耕还林（高沙窝）	32.93	34.45	36.35	36.37	36.63	35.35±1.61B
封育沙蒿（高沙窝）	33.62	35.18	36.23	36.50	34.77	35.26±1.16BC
柠条（高沙窝）	31.78	33.90	32.98	36.30	34.17	33.83±1.67BC
沙柳（高沙窝）	28.15	33.02	34.58	32.30	28.63	31.34±2.82C

（10）主要灌木林土壤非毛管孔隙度

非毛管孔隙度是指土壤中大孔隙的数量所占体积的百分比，不同灌木林地的土壤非毛管孔隙度与土壤深度有关。如表 3-22 所示，由沙木蓼、柠条、沙蒿组成的大墩梁区域的灌木混交林地土壤非毛管孔隙度随土壤深度的增加呈下降—上升—下降的趋势，当土壤深度在 60~80cm 时，土壤非毛管孔隙度较大，为 13.08%，在土壤深度为 20~40cm 时土壤非毛管孔隙度较低，为 4.89%。

表 3-22　灌木林地土壤非毛管孔隙度垂直变化　　　　　　单位:%

灌木类型	土壤非毛管孔隙度					
	0~20cm	20~40cm	40~60cm	60~80cm	80~100cm	总平均值
灌木混交林（沙木蓼、柠条、沙蒿）（大墩梁）	5.38	4.89	9.40	13.08	8.26	8.20±3.32AB
杨柴（沙泉湾）	4.78	3.13	1.90	3.67	4.33	3.56±1.4C
灌木区（沙冬青、华北紫丁香、连翘）（生态园）	13.23	9.15	7.90	9.40	9.60	9.86±1.20A
1m×6m 柠条、退耕还林（高沙窝）	4.45	7.93	6.22	6.00	5.68	6.06±1.25BC
封育沙蒿（高沙窝）	5.55	6.05	5.78	5.70	5.58	5.73±0.20BC
柠条（高沙窝）	7.30	5.90	5.83	5.20	5.35	5.92±0.83BC
沙柳（高沙窝）	11.87	6.08	5.28	9.98	10.42	8.73±2.88A

　　沙泉湾区域的杨柴灌木林的土壤非毛管孔隙度随土壤深度的增加呈先下降后上升的趋势，在土壤深度为 0~20cm 时，沙泉湾区域的杨柴非毛管孔隙度较大，为 4.78%，在 40~60cm 时土壤非毛管孔隙度较低，为 1.90%。由沙冬青、华北紫丁香、连翘所组成的生态园的灌木区林地的土壤非毛管孔隙度变化趋势与沙泉湾的杨柴类似，也表现为先上升后先下降的趋势，在土壤深度为 0~20cm 时，该地区灌木林地的非毛管孔隙度较大，为 13.23%。在土壤深度为 40~60cm 时，土壤非毛管孔隙度仅为 7.90%。高沙窝区域密度为 1m×6m 的柠条退耕还林地与封育沙蒿林地的土壤非毛管孔隙度的变化趋势相同，土壤深度在 20~40cm 时，土壤非毛管孔隙度均较高，分别为 7.93%、6.05%；土壤深度在 0~20cm 时，土壤非毛管孔隙度均最低，分别为 4.45%、5.55%。高沙窝区域的柠条和沙柳林地的土壤非毛管孔隙度也有相似的变化趋势，随着土壤深度的增加表现为先下降后上升，土壤深度在 0~20cm 时，非毛管孔隙度分别达最大值 7.30%、11.87%；土壤深度在 60~80cm 时，柠条地的非毛管孔隙度较小，为 5.20%；土壤深度在 40~60cm 时，沙柳地的土壤非毛管孔隙度（5.28%）小于其他土层的非毛管孔隙度。

　　根据方差分析显示，大墩梁区域的灌木混交林地、生态园区域的灌木林地以及沙柳林地的大孔隙较多，非毛管孔隙度较大，而杨柴林地的非毛管孔隙度较小，与其他灌木林地相比存在极显著性差异。

　　（11）主要灌木林土壤总孔隙度

　　土壤孔隙度指土壤中孔隙占土壤总体积的百分率，孔隙的多少关系着土壤的透水性、透气性、导热性和紧实度。不同类型土壤孔隙度是不同的。黏土结构紧密，孔隙度较小；沙土结构松散，孔隙度较大。

　　通过表 3-23 可知，沙木蓼、柠条、沙蒿组成的大墩梁区域的灌木混交林土壤总毛管孔隙度随着土壤深度的增加呈上升后下降的趋势，当土壤深度在 20~40cm 时，土壤总毛管孔隙度（37.06%）大于其他土壤深度；在土壤表层（0~20cm）时，土壤毛管总孔隙度较低，为 30.35%。沙泉湾区域的杨柴灌木林的土壤毛管总孔隙度随土壤深度的增加呈"M"形的变化趋势，在土壤深度为 60~80cm 时，沙泉湾区域杨柴林地的毛管总孔隙度较大（45.73%），在40~60cm所采集到的土壤样品的毛管总孔隙度值相对较低为39.73%。由沙冬青、华北紫丁香、连翘所组成的生态园的灌木区林地土壤毛管总孔隙度变化趋势与沙泉湾的杨柴林地相似，在土壤深度为80~100cm时，该地区灌木林地的毛管总孔隙度值较大，为48.53%；在土壤深度为40~60cm时，土壤毛管总孔隙度值最低（34.63%）。

表3-23　灌木林地土壤毛管总孔隙度垂直变化　　　　　　　单位:%

灌木类型	土壤总孔隙度					
	0~20cm	20~40cm	40~60cm	60~80cm	80~100cm	总平均值
灌木混交林（沙木蓼、柠条、沙蒿）（大墩梁）	30.35	37.06	34.23	33.24	35.23	34.02±2.49B
杨柴（沙泉湾）	43.58	44.28	39.73	45.73	41.38	42.94±2.38A
灌木区（沙冬青、华北紫丁香、连翘）（生态园）	48.10	37.42	34.63	45.80	48.53	42.90±6.43A
1m×6m柠条、退耕还林（高沙窝）	37.38	42.38	42.57	42.37	42.32	41.40±2.45A
封育沙蒿（高沙窝）	39.17	41.23	42.00	42.20	40.35	40.99±1.25A
柠条（高沙窝）	39.08	39.80	38.82	41.50	39.52	39.74±1.05A
沙柳（高沙窝）	40.02	39.10	39.87	42.28	39.05	40.06±1.32A

高沙窝区域密度为1m×6m的柠条退耕还林地与封育沙蒿的土壤非毛管孔隙度变化趋势相同，随着土壤深度的增加，土壤毛管总孔隙度呈先升高后降低的趋势，土壤深度在0~20cm时，土壤毛管总孔隙度均较低，分别为37.38%、39.17%；土壤深度在40~60cm时，高沙窝的柠条退耕还林地的土壤毛管总孔隙度较高（42.57%）；土壤深度在60~80cm时，高沙窝封育沙蒿林地的土壤毛管总孔隙度较高，为42.20%。当土壤深度在60~80cm时，高沙窝区域的柠条和沙柳林地的土壤毛管总孔隙度分别达最大值41.50%、42.28%；土壤深度在0~20cm时，柠条地的毛管总孔隙度较小，为39.08%；高沙窝区域的沙柳林地土壤深度在20~40cm时，土壤毛管总孔隙度较低（39.10%）。

方差分析显示，杨柴、柠条、沙蒿、沙冬青、华北紫丁香以及连翘的灌木林地的土壤结构较为松散、紧实度较低，使得毛管总孔隙度较大（40%左右），而大墩梁区域灌木林地的土壤结构良好、孔隙度较低。

2. 不同灌木土壤平均持水性变化规律

试验测定了土壤孔隙度和水分状况的相关指标，根据表3-24可知，由沙木蓼、柠条、沙蒿组成的大墩梁区域的灌木混交林的平均土壤容重为 $1.68g/cm^3$，高于其他地区的灌木林地。土壤容重较高说明土壤密度较大，这可能是由于此地区的灌木类型较多，土壤养分消耗快，使土壤更为密集，导致其土壤容重较高。同时，此地区的灌木混交林的平均土壤最大持水量、持水率，最小持水量、持水率，毛管持水量、持水率以及毛管孔隙度、总孔隙度均小于其他灌木林地。土壤的最大持水量和最小持水量以及毛管持水量是反映土壤吸收水分的能力和保持水分能力的重要指标。

表3-24 不同灌木土壤平均持水性变化规律

灌木类型	土壤储水量 (mm)	土壤容重 (g/cm³)	持水性								
			最大持水率 (%)	最大持水量 (mm)	毛管持水率 (%)	毛管持水量 (mm)	最小持水率 (%)	最小持水量 (mm)	非毛管孔隙度 (%)	毛管孔隙度 (%)	总孔隙度 (%)
(灌木林)(沙木蓼、柠条、沙蒿)大墩梁	18.58±3.80B	1.68±0.03A	20.27±1.56D	68.05±4.98B	15.39±2.64D	51.65±8.68D	14.96±1.63C	50.22±5.31C	8.20±3.32AB	25.82±4.34D	34.02±2.49B
杨柴(沙泉湾)	16.32±3.66B	1.50±0.05C	28.60±2.18ABC	85.88±4.77A	26.21±1.34A	78.76±4.31A	20.74±1.57AB	62.34±4.33AB	3.56±1.40C	39.38±2.15A	42.94±2.38A
灌木区(沙冬青、华北紫丁香、连翘)(生态园)	28.46±11.47A	1.42±0.05D	30.45±5.42A	85.79±12.86A	23.46±4.41AB	66.08±10.58BC	23.46±4.41A	66.08±10.58A	9.86±1.20A	33.04±2.29BC	42.90±6.43A
1m×6m柠条、退耕还林(高沙窝)	21.50±3.98AB	1.40±0.07D	29.59±2.85AB	82.81±4.50A	25.24±2.04AB	70.69±3.21B	23.22±2.38A	65.01±4.53A	6.06±1.25BC	35.35±1.61B	41.40±2.45A
封育沙蒿(高沙窝)	19.37±3.16B	1.56±0.03B	26.22±1.13BC	81.98±2.50A	22.55±1.04BC	70.51±2.33B	21.59±1.25A	67.43±3.51A	5.73±0.20BC	35.26±1.16BC	40.99±1.25A
柠条(高沙窝)	16.87±4.37B	1.50±0.02C	26.58±0.88BC	79.49±2.11A	22.61±1.11BC	67.65±3.35C	21.08±1.03AB	63.08±3.35AB	5.92±0.83BC	33.83±1.67BC	39.74±1.05A
沙柳(高沙窝)	17.35±9.66B	1.54±0.03BC	26.04±0.91C	80.13±2.63A	20.35±1.57C	62.67±5.64C	18.37±2.35B	56.61±8.04BC	8.73±2.88A	31.34±2.82C	40.06±1.32A

综上所述，土壤最小持水量越小或越接近于毛管持水量，表明土壤毛管力对水分的吸引能力越弱，也说明土壤保持水分的能力不高。这可能是由于此地区的灌木类型较多，呼吸以及蒸腾作用强于其他灌木林地，对水分的消耗量较大，土壤中的水分含量较低。沙泉湾区域的杨柴地的土壤储水量为 16.32mm，低于其他灌木林地类型，其土壤的毛管持水量、最大持水量、毛管孔隙度以及毛管总孔隙度分别为 78.76mm、85.88mm、39.38%、42.94%，均高于其他地区灌木类型，这说明杨柴对土壤的储水能力影响较强以及土壤毛管中的水分含量高，土壤孔隙占土壤容积的比例大。

沙冬青、华北紫丁香、连翘组成的生态园的灌木区林地土壤储水量和非毛管孔隙度分别为 28.46mm 和 9.86%，高于其他地区灌木林地。高沙窝区域密度为 1m×6m 的柠条退耕还林地的土壤容重为 1.42g/cm³，低于其他灌木林地的土壤容重，说明退耕还林地的土壤密度较低，土壤疏松。同时，该区域的土壤最小持水量与高沙窝区域的封育沙蒿较为接近，分别为 65.01mm、67.43mm。最小持水量能够充分反映出土壤孔隙的特征，这表明高沙窝区域的退耕还林地和封育沙蒿的土壤孔隙大，保水能力较强。

三、宁夏干旱风沙区不同乔木土壤持水性

1. 不同乔木土壤持水性垂直变化规律

（1）主要乔木林土壤储水量

通过分析表 3-25 可知，高沙窝区域林龄为 5 年的樟子松在土壤深度为 20～40cm 时，土壤储水量较高，为 24.83mm；当土壤深度为 80～100cm 时，土壤储水量最低，为 14.07mm。大墩梁区域林龄同样为 5 年的樟子松，土壤深度在 80～100cm 时，土壤储水量最高为 21.52mm，高于其他土壤深度下的土壤储水量；土壤深度在 0～20cm 时，土壤储水量最低为 12.37mm。佟记圈区域林龄为 8 年的樟子松的土壤储水量随土壤深度的增加呈上升—下降—上升的趋势，当土壤深度在 20～40cm 时，土壤储水量较高，为 35.75mm；土壤深度为 40～60mm 时，土壤储

水量达到最低值 20.62mm。在土壤深度为 60~80cm 时，大水坑区域林龄为 10 年的小叶杨的土壤储水量为 38.40mm，大于其他土壤深度下的土壤储水量；当土壤深度为 20~40cm 时，土壤储水量最低（16.60mm）。高沙窝区域林龄为 20 年的小叶杨土壤储水量随土壤深度的增加先降低后增加，土壤深度在 20~40cm 时，土壤储水量为 3.97mm，低于其余深度下的土壤储水量；当土壤深度达到 80~100cm 时，土壤储水量最高为 31.93mm，是 20~40cm 时的 8.04 倍。大水坑区域山杏（*Armeniaea sibiriea*）的土壤表层（0~20cm），土壤储水量较高为 53.67mm；当土壤深度为 80~100cm 时，土壤储水量显著降低，为 12.03mm。佟记圈区域榆树土壤深度为 60~80cm 时，土壤储水量相对较高，为 29.20mm；当土壤深度达到 80~100cm 时，土壤储水量下降到 13.14mm，低于其他土壤深度下的土壤储水量。花马寺区域的旱柳、沙枣、山杏乔木区与同一区域内的新疆杨（*Populus alba* var. *pyramidalis* Bunge）、云杉（*Picea asperata*）、刺槐（*Robinia pseudoacacia*）乔

表 3-25　乔木林地土壤储水量垂直变化　　　　　　　　　　单位：mm

乔木类型		土壤储水量					
		0~20cm	20~40cm	40~60cm	60~80cm	80~100cm	总平均值
樟子松	林龄 5 年（高沙窝）	20.90	24.83	16.00	21.03	14.07	19.37±4.314ABC
	林龄 5 年（大墩梁）	12.37	19.61	18.28	16.24	21.52	17.61±3.501BC
	林龄 8 年（佟记圈）	25.24	35.75	20.62	21.35	22.05	25.00±6.26ABC
小叶杨	林龄 10 年（大水坑）	19.50	16.60	23.20	38.40	34.73	26.49±9.58ABC
	林龄 20 年（高沙窝）	7.60	3.97	6.23	27.13	31.93	15.37±13.10C
山杏新造林地（大水坑）		53.67	15.10	18.00	16.93	12.03	23.15±17.21ABC
榆树（佟记圈）		23.98	15.25	13.16	29.20	13.14	18.95±7.27BC
旱柳、沙枣、山杏（花马寺）		24.85	24.22	21.54	29.34	39.40	27.87±7.03AB
新疆杨、云杉、刺槐（花马寺）		24.85	24.22	37.61	29.34	39.40	31.09±7.09A

注：花马寺乔木区，表示同一区内的不同乔木单独成片生长。

木区的土壤储水量随土壤深度的增加总体呈先降低后增加趋势，当土壤深度达到80~100cm时，土壤储水较高，均为39.40mm。旱柳、沙枣、山杏乔木区的储水量在40~60cm时有最小值21.54mm，在土壤深度为20~40cm时，新疆杨、云杉、刺槐乔木区的土壤储水量较低，为24.22mm。

（2）主要乔木林土壤容重

对乔木林地的土壤容重分析发现（表3-26），高沙窝区域林龄为5年的樟子松的土壤容重总体上随土壤深度的增加呈先下降后上升的趋势，在土壤深度为0~20cm时，土壤容重较高，为1.60g/cm³；当土壤深度达到60~80cm时，土壤容重为1.49g/cm³，均低于其他土壤深度下的土壤容重。大墩梁区域林龄同样为5年的樟子松，土壤深度在0~20cm时，土壤容重较高，为1.59g/cm³；土壤深度在60~80cm时，土壤容重最低（1.45g/cm³）。当土壤深度在40~60cm时，佟记圈区域林龄为8年的樟子松土壤容重较高，为1.55g/cm³；土壤深度为20~40cm时，土壤容重达最低值1.36g/cm³。大水坑区域林龄为10年的小叶杨的土壤容重随土壤深度的增加呈上升—下降—上升的变化趋势，当土壤深度为0~20cm时，土壤容重为1.35g/cm³，小于其他土壤深度下的土壤容重；当土壤深度达40~60cm时，土壤容重最高为1.61g/cm³。高沙窝区域林龄为20年的小叶杨土壤容重随土壤深度的增加呈先上升后下降的趋势，土壤深度在0~20cm时，土壤容重为1.44g/cm³，低于其余深度下的土壤容重；当土壤深度达60~80cm时，土壤容重较高（1.60g/cm³），土壤储水效果明显。大水坑区域的山杏林土壤在20~40cm时，土壤容重较高为1.56g/cm³；当土壤深度在40cm以下时，土壤容重逐渐降低，在80~100cm时，土壤容重最低为1.32g/cm³。佟记圈区域的榆树在土壤深度为40~60cm时，土壤容重较高，为1.52g/cm³，但在土壤表层时，土壤容重下降到最小值1.35g/cm³。花马寺区域的旱柳、沙枣、山杏乔木区与同一区域内的新疆杨、云杉、刺槐乔木区的土壤储水量随土壤深度的增加先增加后降低，当土壤深度达80~100cm时，土壤容重较低，均为1.43g/cm³；当土壤深度为40~60cm时，土壤容重均高于其他土壤深度下的容重，分别为1.62g/cm³、

1.60g/cm^3。

表 3-26　乔木林地土壤容重垂直变化　　　　　单位：g/cm^3

乔木类型		土壤容重					
		0~20cm	20~40cm	40~60cm	60~80cm	80~100cm	总平均值
樟子松	林龄 5 年（高沙窝）	1.60	1.57	1.58	1.49	1.53	1.55±0.04A
	林龄 5 年（大墩梁）	1.59	1.52	1.55	1.45	1.47	1.52±0.06AB
	林龄 8 年（佟记圈）	1.40	1.36	1.55	1.50	1.46	1.45±0.08BC
小叶杨	林龄 10 年（大水坑）	1.35	1.59	1.61	1.51	1.58	1.53±0.11AB
	林龄 20 年（高沙窝）	1.44	1.48	1.58	1.60	1.57	1.53±0.07AB
山杏新造林地（大水坑）		1.36	1.56	1.37	1.38	1.32	1.39±0.09C
榆树（佟记圈）		1.35	1.48	1.52	1.47	1.52	1.47±0.07ABC
旱柳、沙枣、山杏（花马寺）		1.52	1.57	1.62	1.52	1.43	1.53±0.07AB
新疆杨、云杉、刺槐（花马寺）		1.52	1.57	1.60	1.52	1.43	1.53±0.07AB

注：花马寺乔木区，表示同一区内的不同乔木单独成片生长。

（3）主要乔木林土壤最大持水率

根据表 3-27 可知，高沙窝区域林龄为 5 年的樟子松土壤最大持水率在土壤深度为 0~20cm 时较低，其最大持水率为 24.84%；当土壤深度达 60~80cm 时，土壤最大持水率最高为 27.43%。大墩梁区域林龄为 5 年的樟子松，土壤深度在 80~100cm 时，土壤最大持水率为 21.85%，与表层土壤（0~20cm）的最大持水率（21.91%）差异不明显；土壤深度在 60~80cm 时，土壤最大持水率较高为 33.70%。佟记圈区域林龄为 8 年的樟子松、大水坑区域林龄为 10 年的小叶杨和高沙窝区域林龄为 20 年的小叶杨以及大水坑区域的山杏土壤最大持水率随土壤深度的增加呈先降低后增加的趋势，在土壤深度为 0~20cm 时，各乔木林地均高于该乔木林地其余深度下的土壤最大持水率，分别为 29.98%、40.83%、

29.08%、34.95%。佟记圈区域林龄为 8 年的樟子松、大水坑区域林龄为 10 年的小叶杨和高沙窝区域林龄在土壤深度为 40~60cm 时土壤最大持水率较低分别为 24.59%、22.44%、21.47%。大水坑区域的山杏在土壤深度为 20~40cm 时，土壤最大持水率较低。佟记圈的榆树和花马寺的旱柳、沙枣、山杏的乔木区以及此地区的新疆杨、云杉、刺槐乔木区在土壤深度为 40~60cm 时，土壤最大持水率均低于本乔木林地其余土壤深度下的土壤最大持水率，分别为 18.17%、20.21%、19.96%；佟记圈的榆树乔木地的土壤最大持水率在土壤深度为 60~80cm 时有最大值 26.93%，花马寺的旱柳、沙枣、山杏乔木区以及此地区的新疆杨、云杉、刺槐乔木区在土壤深度为 80~100cm 时的土壤持水率较高，均为 31.22%。

表 3-27 乔木林地土壤最大持水率垂直变化 单位:%

乔木类型		土壤最大持水率					
		0~20cm	20~40cm	40~60cm	60~80cm	80~100cm	总平均值
樟子松	林龄 5 年（高沙窝）	24.84	25.51	25.17	27.43	25.08	25.61±1.04BC
	林龄 5 年（大墩梁）	21.91	31.71	24.93	33.70	21.85	26.82±3.56AB
	林龄 8 年（佟记圈）	29.98	26.18	24.59	26.56	27.66	27.00±2.00AB
小叶杨	林龄 10 年（大水坑）	40.83	24.42	22.44	26.17	24.06	27.58±7.52AB
	林龄 20 年（高沙窝）	29.08	24.71	21.47	21.72	22.43	23.88±3.17BC
山杏新造林地（大水坑）		34.95	25.84	32.23	33.08	33.00	31.82±3.49A
榆树（佟记圈）		20.84	19.23	18.17	26.93	18.26	20.69±3.65C
旱柳、沙枣、山杏（花马寺）		23.31	20.92	20.21	23.64	31.22	23.86±4.37BC
新疆杨、云杉、刺槐（花马寺）		23.31	20.92	19.96	23.64	31.22	23.81±4.43BC

注：花马寺乔木区，表示同一区内的不同乔木单独成片生长。

（4）主要乔木林土壤最大持水量

由表 3-28 可知，高沙窝和大墩梁区域林龄为 5 年的樟子松在土壤深度为 60~80cm 时，土壤最大持水量最高，分别为 82.00mm、98.03mm；当土壤深度达到 80~100cm 时，土壤最大持水量均最低，分别为 76.73mm、64.12mm。佟记圈区域林龄为 8 年的樟子松、大水坑区域林龄为 10 年的小叶杨和高沙窝区域林龄为 20 年的小叶杨以及大水坑区域的山杏土壤最大持水量的变化趋势基本相同，均表现为随土壤深度的增加呈先降低后增加的趋势，在土壤深度为 0~20cm 时，各乔木林地的土壤最大持水量均有最大值 83.80mm、110.03mm、83.50mm、94.77mm。佟记圈区域林龄为 8 年的樟子松在土壤深度为 20~40cm 时，土壤最大持水量最低（71.27mm）。大水坑区域林龄为 10 年的小叶杨和高沙窝区域林龄为 20 年的小叶杨在土壤深度为 40~60cm 时最大持水量分别为 72.17mm、67.97mm；大水坑区域的山杏在土壤深度为 20~40cm 时，土壤最大持水量最低，为 80.47mm；佟记圈的榆树和花马寺的旱柳、沙枣、山杏的乔木区以及此地区的新疆杨、云杉、刺槐乔木区在土壤深度为 40~60cm 时，土壤最大持水量分别为 55.31mm、65.29mm、63.91mm，均低于本乔木林地其余土壤深度下的土壤最大持水量。佟记圈的榆树乔木地的土壤最大持水量在土壤深度为 60~80cm 时最大（79.27mm），花马寺的旱柳、沙枣、山杏乔木区以及此地区的新疆杨、云杉、刺槐乔木区在土壤深度为 80~100cm 时土壤持水量均较高，为 89.16mm。

在所选的乔木林地中山杏林地的土壤最大持水量最高，由此说明大水坑区域的山杏林地的土壤储水空间较大，高沙窝、大墩梁以及佟记圈区域的不同林龄的樟子松林地以及大水坑区域林龄为 10 年的小叶杨林地的土壤最大持水量均低于山杏林地，但与山杏林地相比无显著性差异。高沙窝区域林龄为 20 年的小叶杨林地以及花马寺区域的乔木林地的最大持水量相似，其储水能力无差异性，但与山杏和樟子松林地相比存在显著性差异，而佟记圈区域的榆树林地最大持水量最小，与其他林地相比存在极显著性差异（$P<0.01$），由此说明山杏林地以及樟子松林地的土壤储水大于其余林地，而榆树林地的土壤储水量较低。

表 3-28 乔木林地土壤最大持水量垂直变化　　　　单位：mm

乔木类型		土壤最大持水量					
		0~20cm	20~40cm	40~60cm	60~80cm	80~100cm	总平均值
樟子松	林龄 5 年（高沙窝）	79.27	79.93	79.47	82.00	76.73	79.48±1.88AB
	林龄 5 年（大墩梁）	69.66	96.21	77.23	98.03	64.12	81.05±15.40AB
	林龄 8 年（佟记圈）	83.80	71.27	76.33	79.57	80.73	78.34±4.77AB
小叶杨	林龄 10 年（大水坑）	110.03	77.43	72.17	79.00	76.27	82.98±15.33AB
	林龄 20 年（高沙窝）	83.50	73.37	67.97	69.57	70.40	72.96±6.21BC
山杏新造林地（大水坑）		94.77	80.47	88.20	91.13	86.87	88.29±5.32A
榆树（佟记圈）		56.15	56.99	55.31	79.27	55.43	60.63±10.44C
旱柳、沙枣、山杏（花马寺）		70.84	65.52	65.29	71.76	89.16	72.51±9.77BC
新疆杨、云杉、刺槐（花马寺）		70.84	65.52	63.91	71.76	89.16	72.24±10.03BC

注：花马寺乔木区，表示同一区内的不同乔木单独成片生长。

（5）主要乔木林土壤最小持水率

乔木林地最小持水率随土壤深度的变化而变化，通过分析表 3-29 可知，高沙窝区域林龄为 5 年的樟子松林地土壤最小持水率随土壤深度的增加呈先上升后下降的趋势，当土壤深度为 40~60cm 时，土壤最小持水率最大，为 20.85%；土壤深度达 80~100cm 时，土壤最小持水率降低到最小值 19.22%。大墩梁区域林龄为 5 年的樟子松土壤最小持水率的变化趋势与高沙窝区域一致，在土壤深度为 60~80cm 时，土壤最小持水率较高，为 28.11%；在土壤深度达到 80~100cm 时，土壤最小持水率最小，仅为 11.32%。佟记圈区域林龄为 8 年的樟子松、大水坑区域林龄为 10 年的小叶杨和高沙窝区域林龄为 20 年的小叶杨以及大水坑区域的山杏的土壤最小持水率的变化趋势基本相同，均表现为先降低后增加再降低的趋势，在表层土壤（0~20cm）时，土壤最小持水率达最大值，分别为 21.44%、37.16%、22.58%、28.93%；在 80~100cm 时均最低，分别为 17.39%、17.55%、

13.39%、22.24%。

表3-29　乔木林地土壤最小持水率垂直变化　　　　单位:%

乔木类型		土壤最小持水率					
		0~20cm	20~40cm	40~60cm	60~80cm	80~100cm	总平均值
樟子松	林龄5年（高沙窝）	19.39	20.42	20.85	20.26	19.22	20.03±0.70AB
	林龄5年（大墩梁）	15.54	19.26	19.83	28.11	11.32	18.81±6.22AB
	林龄8年（佟记圈）	21.44	18.82	20.02	19.62	17.39	19.46±1.49AB
小叶杨	林龄10年（大水坑）	37.16	19.70	18.57	20.07	17.55	22.61±8.19A
	林龄20年（高沙窝）	22.58	16.80	14.71	15.37	13.39	16.57±3.58B
山杏新造林地（大水坑）		28.93	19.42	22.50	23.23	22.24	23.26±3.48A
榆树（佟记圈）		18.28	15.77	11.29	18.29	13.40	15.41±3.07B
旱柳、沙枣、山杏（花马寺）		18.64	16.21	14.16	16.80	17.93	16.75±1.73B
新疆杨、云杉、刺槐（花马寺）		18.64	16.21	15.05	16.80	17.93	16.93±1.41B

注：花马寺乔木区，表示同一区内的不同乔木单独成片生长。

佟记圈区域的榆树土壤的最小持水率随土壤深度的增加表现为先降低后增加再降低的趋势，土壤在40~60cm深度下，土壤最小持水率最低，为11.29%；当土壤深度为60~80cm时，土壤最小持水率较高，为18.29%。花马寺的旱柳、沙枣、山杏的乔木区以及此地区的新疆杨、云杉、刺槐乔木区的土壤最小持水率的变化趋势一致，均表现为先降低后上升，在深度为0~20cm的土壤表层时，土壤最小持水率均为18.64%，在40~60cm的土壤深度下，土壤最小持水率均有最小值，分别为14.06%、15.05%。

（6）主要乔木林土壤最小持水量

通过分析表3-30可知，高沙窝区域林龄为5年的樟子松土壤最小持水量随土壤深度的增加呈先上升后下降的趋势，当土壤深度为40~60cm时，土壤最小持水量有最大值 65.83mm；80~100cm 时，土壤最小持水量降至最小值 58.80mm。大墩梁区域林龄为 5 年的樟子松土壤最小持水量的变化趋势与高沙窝区域的 5 年樟子松变化趋势一致，在土壤深度为 60~80cm 时，土壤最小持水量最大为 81.77mm；80~100cm 时，土壤最小持水量最小，仅为 33.20mm。佟记圈区域林龄为 8 年的樟子松、大水坑区域林龄为 10 年的小叶杨和高沙窝区域林龄为 20 年的小叶杨以及大水坑区域的山杏的最小持水量均表现为随土壤深度的增加先降低后增加再降低的趋势，土壤最小持水量分别为 100.13mm、64.83mm、78.43mm，高于同一乔木林地其余土壤深度下的土壤最小持水量；佟记圈区域林龄为 8 年的樟子松在 40~60cm，土壤最小持水量在 62.13mm。在 0~20cm 的表层土壤和 80~100cm 深度时，土壤最小持水量均最小，分别为 50.77mm、55.63mm、42.03mm、58.53mm。佟记圈区域的榆树土壤最小持水量随土壤深度

表 3-30　乔木林地土壤最小持水量垂直变化　　　　　　　单位：mm

乔木类型		土壤最小持水量					
		0~20cm	20~40cm	40~60cm	60~80cm	80~100cm	总平均值
樟子松	林龄 5 年（高沙窝）	61.87	63.97	65.83	60.57	58.80	62.21±2.77AB
	林龄 5 年（大墩梁）	49.40	58.45	61.43	81.77	33.20	56.85±17.74ABC
	林龄 8 年（佟记圈）	59.93	51.23	62.13	58.77	50.77	56.57±5.23ABC
小叶杨	林龄 10 年（大水坑）	100.13	62.47	59.70	60.60	55.63	67.71±18.30A
	林龄 20 年（高沙窝）	64.83	49.90	46.57	49.23	42.03	50.51±8.58BC
山杏新造林地（大水坑）		78.43	60.47	61.57	64.00	58.53	64.60±7.98A
榆树（佟记圈）		49.25	46.73	34.37	53.83	40.67	44.97±7.60C
旱柳、沙枣、山杏（花马寺）		56.63	50.77	45.75	51.00	51.20	51.07±3.85BC
新疆杨、云杉、刺槐（花马寺）		56.63	50.77	48.20	51.00	51.20	51.56±3.09BC

注：花马寺乔木区，表示同一区内的不同乔木单独成片生长。

的增加呈降低—增加—降低的趋势，在 40～60cm 时，土壤最小持水量最低为 34.37mm，当土壤深度为 60～80cm 时，土壤最小持水量较高，为 53.83mm。花马寺的旱柳、沙枣、山杏乔木区以及此地区的新疆杨、云杉、刺槐乔木区的土壤最小持水量随土壤深度的增加变化趋势一致，均表现为先降低后上升，在 0～20cm 时，土壤最小持水量达最大值，均为 56.63mm；在 40～60cm 的土壤深度下，土壤最小持水量均有最小值，分别为 45.75mm、48.20mm。

（7）主要乔木林土壤毛管持水率

表 3-31 表明，高沙窝区域林龄为 5 年的樟子松林地土壤毛管持水率随土壤深度的增加呈先上升后下降的趋势，土壤深度在 60～80cm 时，毛管持水率达最高值 22.16%；0～20cm 时，土壤毛管持水率最小（20.30%）。大墩梁区域林龄为 5 年的樟子松毛管持水率变化与高沙窝区域的樟子松变化趋势一致，当土壤深度在 60～80cm 时，土壤毛管持水率达最大值 29.55%；80～100cm 时，土壤毛管持水率降至最低 12.96%。在所有样地中除高沙窝和大墩梁区域 5 年的樟子松外，其余地区的乔木林地在土壤表层（0～20cm）时毛管持水率均有最大值，分别为 22.32%、39.55%、23.83%、32.76%、19.41%、19.45%、19.45%。佟记圈林龄为 8 年的樟子松和大水坑林龄为 10 年的小叶杨土壤毛管持水率均随土壤深度的增加表现为先降低后升高再降低的趋势，在土壤深度为 80～100cm 时，佟记圈林龄为 8 年的樟子松土壤毛管持水率最低，为 19.12%；大水坑林龄为 10 年的小叶杨土壤毛管持水率在土壤深度为 40～60cm 时最小（21.10%）。高沙窝区域林龄为 20 年的小叶杨土壤深度为 60～80cm 时，毛管持水率较低，为 14.11%。在土壤深度为 20～40cm 时，大水坑区域的山杏土壤毛管持水率较低，为 18.43%；40～100cm 时，土壤毛管持水率变化较小，均在 28% 左右。花马寺的旱柳、沙枣、山杏乔木区以及此地区的新疆杨、云杉、刺槐乔木区的土壤最小持水率随土壤深度的变化趋势一致，均表现为先降低后上升，在 40～60cm 时，土壤最小持水率均有最小值 15.40%、15.96%。

表 3-31　乔木林地土壤毛管持水率垂直变化　　　　单位:%

乔木类型		土壤毛管持水率					
		0~20cm	20~40cm	40~60cm	60~80cm	80~100cm	总平均值
樟子松	林龄 5 年（高沙窝）	20.30	21.48	21.36	22.16	20.94	21.25±0.69BC
	林龄 5 年（大墩梁）	16.36	20.09	20.80	29.55	12.96	19.95±6.22C
	林龄 8 年（佟记圈）	22.32	20.36	20.40	20.47	19.12	20.53±1.47C
小叶杨	林龄 10 年（大水坑）	39.55	22.84	21.10	25.01	21.78	26.06±7.69AB
	林龄 20 年（高沙窝）	23.83	19.21	16.49	14.11	14.77	17.68±3.96C
山杏新造林地（大水坑）		32.76	18.43	28.17	28.07	28.22	27.13±5.26A
榆树（佟记圈）		19.41	16.44	13.06	19.29	13.85	16.41±2.96C
旱柳、沙枣、山杏（花马寺）		19.45	18.36	15.40	16.98	19.03	17.84±1.66C
新疆杨、云杉、刺槐（花马寺）		19.45	18.36	15.96	16.98	19.03	17.95±1.46C

注：花马寺乔木区，表示同一区内的不同乔木单独成片生长。

（8）主要乔木林土壤毛管持水量

通过表 3-32 可知，高沙窝区域林龄为 5 年的樟子松土壤毛管持水量随土壤深度增加呈先上升后下降的趋势，在 40~60cm 的土壤深度下达最大值 67.43mm；土壤深度在 80~100cm 时，土壤毛管持水量为 64.07mm，与 0~20cm 的土壤毛管持水量较为接近。大墩梁区域林龄为 5 年的樟子松毛管持水量变化与高沙窝区域的樟子松变化趋势一致，当土壤深度在 60~80cm 时，土壤毛管持水量最大，为 85.97mm；80~100cm 时，土壤毛管持水量降低到最小值 38.03mm，下降了 55.76%。佟记圈林龄为 8 年的樟子松的毛管持水量在土壤深度为 20~40cm 时最低（55.40mm），当土壤深度为 40~60cm 时，土壤毛管持水量达最大值 63.33mm。大水坑区域林龄为 10 年的小叶杨和高沙窝林龄为 20 年的小叶杨土壤毛管持水量随土壤深度的增加均呈先降低后增加的趋势，在土壤深度为 0~20cm 时，土壤毛管持水量均最大，分别为 106.6mm、68.43mm；土壤深度在 40~60cm

时，大水坑区域林龄为 10 年的小叶杨的土壤毛管持水量最低，为 67.83mm，而高沙窝林龄为 20 年的小叶杨在土壤深度为 60～80cm 时毛管持水量最低（45.20mm）。大水坑区域的山杏在土壤深度为 0～20cm 时毛管持水量最大为88.83mm；20～40cm 时土壤最低（57.40mm）。佟记圈区域的榆树林地在土壤深度为 40～60cm 时，土壤毛管持水量较低为 39.77mm；当土壤深度在 60～80cm时，土壤毛管持水量达到最大值 56.80mm。花马寺的旱柳、沙枣、山杏乔木区以及此地区的新疆杨、云杉、刺槐乔木区的土壤毛管持水量随土壤深度增加变化趋势基本一致，均表现为先降低后升高，在 0～20cm 时土壤毛管持水量最大，均为59.10mm；在 40～60cm 时达最低值 49.75mm、51.10mm。

表 3-32　乔木林地土壤毛管持水量垂直变化　　　　　　单位：mm

乔木类型		土壤毛管持水量					
		0～20cm	20～40cm	40～60cm	60～80cm	80～100cm	总平均值
樟子松	林龄 5 年（高沙窝）	64.77	67.30	67.43	66.23	64.07	65.96±1.50AB
	林龄 5 年（大墩梁）	52.03	60.95	64.43	85.97	38.03	60.28±17.61BC
	林龄 8 年（佟记圈）	62.40	55.40	63.33	61.30	55.80	59.65±3.77BC
小叶杨	林龄 10 年（大水坑）	106.60	72.43	67.83	75.50	69.03	78.28±16.11A
	林龄 20 年（高沙窝）	68.43	57.03	52.20	45.20	46.37	53.85±9.44BC
山杏（大水坑）		88.83	57.40	77.10	77.33	74.27	74.99±11.31A
榆树（佟记圈）		52.30	48.70	39.77	56.80	42.03	47.92±7.07C
旱柳、沙枣、山杏		59.10	57.50	49.75	51.53	54.33	54.44±3.92BC
新疆杨、云杉、刺槐		59.10	57.50	51.10	51.53	54.33	54.71±3.55BC

注：花马寺乔木区，表示同一区内的不同乔木单独成片生长。

（9）主要乔木林土壤非毛管孔隙度

由表 3-33 可知，高沙窝区域林龄为 5 年的樟子松在 40～60cm 的土壤深度下，非毛管孔隙度最低，为 6.02%；当土壤深度在 60～80cm 时，土壤非毛管孔隙度达最大值 7.88%。大墩梁区域林龄为 5 年的樟子松在 20～40cm 的土壤深度时，土壤的非毛管孔隙度最大（17.63%），60~80cm 时土壤非毛管孔隙度降至最低，下降了 65.79%。佟记圈林龄为 8 年的樟子松的非毛管孔隙度随土壤深度的增加呈降低—增加的趋势，在土壤深度为 40~60cm 时最低，为 6.50%；当土壤深度为 80~100cm 时，土壤非毛管孔隙度达最大值 12.47%。大水坑区域林龄

表 3-33　乔木林地土壤非毛管孔隙度垂直变化　　　　　　　单位：%

乔木类型		土壤非毛管孔隙度					
		0~20cm	20~40cm	40~60cm	60~80cm	80~100cm	总平均值
樟子松	林龄 5 年（高沙窝）	7.25	6.32	6.02	7.88	6.33	6.76±0.78AB
	林龄 5 年（大墩梁）	8.81	17.63	6.40	6.03	13.04	10.38±4.92A
	林龄 8 年（佟记圈）	10.70	7.93	6.50	9.13	12.47	9.35±2.33A
小叶杨	林龄 10 年（大水坑）	1.72	2.50	2.17	1.75	3.62	2.35±0.78B
	林龄 20 年（高沙窝）	7.53	8.17	7.88	12.18	12.02	9.56±2.33A
山杏新造林地（大水坑）		2.97	11.53	5.55	6.90	6.30	6.65±3.11AB
榆树（佟记圈）		1.93	4.14	7.77	11.24	6.70	6.35±3.55AB
旱柳、沙枣、山杏（花马寺）		5.87	4.01	7.77	10.11	17.41	9.04±5.20A
新疆杨、云杉、刺槐（花马寺）		5.87	4.01	6.40	10.11	17.41	8.76±5.31A

注：花马寺乔木区，表示同一区内的不同乔木单独成片生长。

为 10 年的小叶杨在土壤深度为 0~20cm 时，土壤非毛管孔隙度最低，为 1.72%；80~100cm 时土壤非毛管孔隙度为 3.62%，大于其余土壤深度下的非毛管孔隙度。林龄为 20 年的高沙窝区域的小叶杨和大水坑区域的山杏以及佟记圈区域的榆树在土壤深度为 0~20cm 时，土壤非毛管孔隙度分别为 7.53%、2.97%、1.93%，均小于同一乔木土壤深度在 20cm 以下的土壤非毛管孔隙度。林龄为 20 年的高沙窝区域的小叶杨和佟记圈区域的榆树在 60~80cm 土壤深度时非毛管孔隙度分别达最大值 12.18%、11.24%；当土壤深度为 20~40cm 时，大水坑区域的山杏土壤非毛管孔隙

度最高，为 11.53%。花马寺的旱柳、沙枣、山杏乔木区以及此地区的新疆杨、云杉、刺槐乔木区的土壤毛管持水量随土壤深度的增加变化趋势基本一致，均表现为先降低后上升，在 20~40cm 的土壤深度下，非毛管孔隙度最低，均为 4.01%，在 80~100cm 时土壤非毛管孔隙度最大，均为 17.41%。

（10）主要乔木林土壤毛管孔隙度

如表 3-34 所示，高沙窝区域林龄为 5 年的樟子松和大墩梁区域林龄为 5 年的樟子松土壤毛管孔隙度均与土壤深度有一定关系，随土壤深度的增加，土壤毛管孔隙度呈先升高后降低的趋势，在土壤深度为 80~100cm 时，两地区的土壤毛管孔隙度分别为 32.03% 和 19.02%，均低于同一地区其余土壤深度下的毛管孔隙度；在土壤深度为 40~60cm 时，高沙窝区域林龄为 5 年的樟子松土壤毛管孔隙度有最大值 33.72%，大墩梁区域林龄为 5 年的樟子松在 60~80cm 土壤深度下的

表 3-34　乔木林地土壤毛管孔隙度垂直变化　　　　　　单位:%

乔木类型		土壤毛管孔隙度					
		0~20cm	20~40cm	40~60cm	60~80cm	80~100cm	总平均值
樟子松	林龄 5 年（高沙窝）	32.38	33.65	33.72	33.12	32.03	32.98±0.75AB
	林龄 5 年（大墩梁）	26.02	30.48	32.22	42.98	19.02	30.14±8.80BC
	林龄 8 年（佟记圈）	31.20	27.70	31.67	30.65	27.90	29.82±1.88BC
小叶杨	林龄 10 年（大水坑）	53.30	36.22	33.92	37.75	34.52	39.14±8.06A
	林龄 20 年（高沙窝）	34.22	28.52	26.10	22.60	23.18	26.92±4.72BC
山杏新造林地（大水坑）		44.42	28.70	38.55	38.67	37.13	37.49±5.65A
榆树（佟记圈）		26.15	24.35	19.88	28.40	21.02	23.96±3.53C
旱柳、沙枣、山杏（花马寺）		29.55	28.75	24.88	25.77	27.17	27.22±1.96BC
新疆杨、云杉、刺槐（花马寺）		29.55	28.75	25.55	25.77	27.17	27.36±1.77BC

注：花马寺乔木区，表示同一区内的不同乔木单独成片生长。

毛管孔隙度有最大值 42.98%。佟记圈区域林龄为 8 年的樟子松土壤毛管孔隙度在土壤深度为 20~40cm 时最低，为 27.70%；在 40~60cm 时土壤毛管孔隙度较大，为 31.67%。大水坑区域林龄为 10 年的小叶杨与同一地区的山杏乔木地的土壤毛管孔隙度随土壤深度增加变化趋势基本一致，均表现为先下降后上升再下降，大水坑林龄为 10 年的小叶杨与山杏土壤深度在 0~20cm 时，土壤毛管孔隙度均最大，分别为 53.30%、44.42%。大水坑林龄为 10 年的小叶杨在 40~60cm 深度时，土壤毛管孔隙度最低（33.92%）；在 20~40cm 时，大水坑区域山杏林地的土壤毛管孔隙度最低为 28.70%。佟记圈榆树土壤深度在 60~80cm 时，土壤的毛管孔隙度最大达 28.40%。花马寺区域旱柳、沙枣、山杏乔木区和新疆杨、云杉、刺槐乔木区在土壤深度为 0~20cm 时，土壤毛管孔隙度最大，均为 29.55%；在土壤深度为 40~60cm 处时，两地土壤毛管孔隙度均最小，分别为 24.88%、25.55%。

（11）主要乔木林土壤总孔隙度

将毛管孔隙度与非毛管孔隙度相加即为土壤总孔隙度，如表 3-35 所示，高沙窝区域林龄为 5 年的樟子松和大墩梁区域林龄为 5 年的樟子松土壤总毛管孔隙度和土壤深度存在一定的关系，随土壤深度的增加，土壤总毛管孔隙度逐渐上升，在 60~80cm 时有最大值 41.00%、49.02%；在 80~100cm 时，土壤总毛管孔隙度下降到最低值 38.37%、32.06%。佟记圈区域林龄为 8 年的樟子松、大水坑林龄为 10 年的小叶杨和高沙窝区域林龄为 20 年的小叶杨以及大水坑的山杏在土壤深度为 0~20cm 时，土壤总毛管孔隙度分别为 41.90%、55.02%、41.75%、47.38%，均低于同一乔木林地其余土壤深度下的总毛管孔隙度。佟记圈区域林龄为 8 年的樟子松在土壤深度为 20~40cm 时，土壤总毛管孔隙度最低，其值为 36.63%；土壤深度在 60~100cm 时，土壤总孔隙度逐渐升高。大水坑林龄为 10 年的小叶杨和高沙窝区域林龄为 20 年的小叶杨土壤总毛管孔隙度随土壤深度的增加均呈先降低后升高的趋势，在土壤深度为 40~60cm 时，土壤总毛管孔隙度较低，分别为 36.08%、33.98%。大水坑山杏林地在土壤深度为 20~40cm 时，土壤总毛管孔隙度最小，为40.23%。佟记圈区域榆树林地土壤总毛管孔隙度在40~60cm时有最小值27.65%；60~80cm时为39.63%，大于其余土壤深度下的总毛管孔隙度。花马寺区域旱柳、沙枣、山杏乔木区和新疆杨、云杉、刺槐乔木区土壤总毛管孔隙度在0~60cm时随土壤深度的增加逐渐降低，在40~60cm时有最低值32.64%、31.96%；在土壤深度大于60cm时，总毛管孔隙度逐渐增加，80~100cm时土壤总毛管孔隙度最大，均为44.58%。

表3-35　乔木林地土壤总孔隙度垂直变化　　　　　　单位:%

乔木类型		土壤总毛管孔隙度					
		0~20cm	20~40cm	40~60cm	60~80cm	80~100cm	总平均值
樟子松	林龄5年（高沙窝）	39.63	39.97	39.73	41.00	38.37	39.74±0.94AB
	林龄5年（大墩梁）	34.83	48.11	38.61	49.02	32.06	40.52±8.80AB
	林龄8年（佟记圈）	41.90	35.63	38.17	39.78	40.37	39.17±1.88AB
小叶杨	林龄10年（大水坑）	55.02	38.72	36.08	39.50	38.13	41.49±8.06AB
	林龄20年（高沙窝）	41.75	36.68	33.98	34.78	35.20	36.48±4.72BC
山杏（大水坑）		47.38	40.23	44.10	45.57	43.43	44.14±5.65A
榆树（佟记圈）		28.08	28.49	27.65	39.63	27.72	30.314±5.22C
旱柳、沙枣、山杏（花马寺）		35.42	32.76	32.64	35.88	44.58	36.26±1.96BC
新疆杨、云杉、刺槐（花马寺）		35.42	32.76	31.96	35.88	44.58	36.12±1.77BC

注：花马寺乔木区，表示同一区内的不同乔木单独成片生长。

2. 不同乔木土壤平均持水性变化规律

试验测了土壤孔隙度和水分状况的相关指标，表3-36显示，花马寺区域由新疆杨、云杉、刺槐组成的乔木区土壤平均储水量为31.09mm，高于其他地区的乔木林地的平均值。高沙窝区域林龄为20年的小叶杨土壤平均储水量为15.37mm，低于其他地区乔木土壤储水量，说明花马寺区域由新疆杨、云杉、刺

表3-36　乔木林地土壤持水性变化

持水性		土壤储水量 (mm)	土壤容重 (g/cm³)	最大持水率 (%)	最大持水量 (mm)	毛管持水率 (%)	毛管持水量 (mm)	最小持水率 (%)	最小持水量 (mm)	非毛管孔隙度 (%)	毛管孔隙度 (%)	总孔隙度 (%)
						乔木类型						
樟子松	林龄5年(高沙黄)	19.37±4.314ABC	1.55±0.04A	25.61±1.04BC	79.48±1.88AB	21.25±0.69BC	65.96±1.50AB	20.03±0.70AB	62.21±2.77AB	6.76±0.78AB	32.98±0.75BC	39.74±0.94BC
	林龄5年(大墩梁)	17.61±3.501BC	1.52±0.06AB	26.82±3.56AB	81.05±15.40AB	19.95±6.22C	60.28±17.61BC	18.81±6.22AB	56.85±17.74ABC	10.38±4.92A	30.14±8.80C	40.52±8.80C
小叶杨	林龄8年(佟记圈)	25.00±6.26ABC	1.45±0.08BC	27.00±2.00AB	78.34±4.77AB	20.53±1.47C	59.65±3.77BC	19.46±1.49AB	56.57±5.23ABC	9.35±2.33A	29.82±1.88C	39.17±1.88C
	林龄10年(大水坑)	26.49±9.58ABC	1.53±0.11AB	27.58±7.52AB	82.98±15.33AB	26.06±7.69AB	78.28±16.11A	22.61±8.19A	67.71±18.30A	2.35±0.78B	39.14±8.06B	41.49±8.06B
	林龄20年(高沙黄)	15.37±13.10C	1.53±0.07AB	23.88±3.17BC	72.96±6.21BC	17.68±3.96C	53.85±9.44BC	16.57±3.58B	50.51±8.58BC	9.56±2.33A	26.92±4.72C	36.48±4.72C
	山杏(大水坑)	23.15±17.21ABC	1.39±0.09C	31.82±3.49A	88.29±5.32A	27.13±5.26A	74.99±11.31A	23.26±3.48A	64.60±7.98A	6.65±3.11AB	37.49±5.65B	44.14±5.65B
	榆树(佟记圈)	18.95±7.27BC	1.47±0.07ABC	20.69±3.65C	60.63±10.44C	16.41±2.96C	47.92±7.07C	15.41±3.07B	44.97±7.60C	6.35±3.55AB	23.96±3.53C	30.314±5.22C
	旱柳、沙枣、山杏(花马寺)	27.87±7.03AB	1.53±0.07AB	23.86±4.37BC	72.51±9.77BC	17.84±1.66C	54.44±3.92BC	16.75±1.73B	51.07±3.85BC	9.04±5.20A	27.22±1.96C	36.26±1.96C
	新疆杨、云杉、刺槐(花马寺)	31.09±7.09A	1.53±0.07AB	23.81±4.43BC	72.24±10.03BC	17.95±1.46C	54.71±3.55BC	16.93±1.41B	51.56±3.09BC	8.76±5.31A	27.36±1.77C	36.12±1.77C

注：花马寺乔木区，表示同一区内的不同乔木单独成片生长。

槐组成的乔木区的土壤对水分的储存能力较强，高沙窝区域林龄为 20 年的小叶杨的土壤储水能力相对较弱。高沙窝区域林龄为 5 年的樟子松土壤平均容重为 1.55g/cm³，大于其他地区的平均值，大水坑区域平均土壤容重为 1.39g/cm³，低于其他地区的乔木林地，这表明高沙窝区域 5 年的樟子松土壤密度较高；大水坑区域山杏林地土壤容重较低，表明其土壤较为疏松，土壤密度较小，土壤的穿透阻力小，利于土壤水肥气热交换。

同时，大水坑区域的山杏林地的最大持水率和最大持水量、最小持水率和最小持水量均高于其他乔木林地，这说明该区域土壤对水分的吸收和保持水分的能力高，也反映了土壤对水分的储存能力较强。大水坑区域林龄为 10 年的小叶杨平均土壤毛管持水量为 78.28mm，大于其他地区，这可能是由于此地区土壤中毛管孔隙充满水时的含水量较高，进一步说明土壤孔隙较多。大墩梁区域林龄为 5 年的樟子松平均土壤非毛管孔隙度较高为 10.38%，表明土壤的通气效果较好，也说明土壤潜在渗透能力高。佟记圈区域榆树土壤的最大持水量、毛管持水量、最小持水量分别为 60.63mm、47.92mm、44.97mm，均小于其余地区，这表明佟记圈的榆树土壤对水分的储存能力较弱，也表明土壤中水分含量较低。与此同时，佟记圈区域榆树的平均毛管孔隙度为 23.80%，小于其余地区，榆树林地土壤平均总毛管孔隙度较低，为 30.47%，也表明土壤孔隙占土壤容积的比例低，进一步说明此地区榆树土壤对水分的保持能力较低，这可能是由于榆树的冠幅较大，蒸腾作用较快以至于水分消耗大。林龄为 10 年的大水坑区域的小叶杨土壤平均非毛管孔隙度最低为 2.35%，这表明该区域土壤通气能力低，土壤的孔隙较少。

第二节　宁夏干旱风沙区不同立地类型土壤持水性研究

一、不同立地类型土壤持水性垂直变化规律

1. 不同立地类型土壤储水量垂直变化规律

通过分析不同立地类型土壤储水量垂直变化的数据可知，自然林地大墩梁区

域的流动沙丘和高沙窝区域的放牧草地分别在土壤深度为 0~20cm 和 40~60cm
土时，土壤储水量较高，分别为 27.08mm 和 22.10mm；在土壤深度为 40~60cm
时均较小，分别为 14.21mm、13.43mm。流动沙丘土壤储水量与土壤深度的关系
为随土壤深度的增加土壤储水量先降低后增加，而放牧草地土壤储水量先降低后
增加再降低（表 3-37）。

表 3-37　不同立地类型土壤储水量变化　　　　　　　单位：mm

立地类型	土壤储水量					
	0~20cm	20~40cm	40~60cm	60~80cm	80~100cm	总平均值
流动沙丘（大墩梁）	27.08	14.21	16.95	18.19	21.00	19.49±4.89AB
放牧草地（高沙窝）	18.07	13.43	22.10	18.33	17.13	17.81±3.10B
杨柴（沙泉湾）	16.73	16.15	14.65	22.00	12.05	16.32±3.66AB
柠条退耕还林（高沙窝）	22.10	27.77	21.40	17.53	18.70	21.50±3.98AB
封育沙蒿（高沙窝）	17.63	18.85	24.65	16.40	19.33	19.37±3.16AB
柠条（高沙窝）	10.17	16.00	17.13	21.93	19.10	16.87±4.40AB
沙柳（高沙窝）	6.50	10.83	25.53	29.17	14.73	17.35±9.66AB
樟子松林龄 8 年（佟记圈）	25.24	35.75	20.62	21.35	22.05	25.00±6.26AB
小叶杨林龄 10 年（大水坑）	19.50	16.60	23.20	38.40	34.73	26.49±9.58A
山杏新造林地（大水坑）	53.67	15.10	18.00	16.93	12.03	23.15±17.21AB

　　灌木林地中沙泉湾的杨柴土壤储水量随土壤深度的增加先降低后增加再降低，
高沙窝区域的柠条退耕还林和封育沙蒿的土壤储水量呈上升—下降—上升的趋势，
高沙窝区域的柠条与沙柳林地则为先增加后降低。沙泉湾区域的杨柴在土壤深度为
60~80cm 时，土壤储水量达最大值为 22.00mm，高沙窝区域的柠条和沙柳土壤储水
量在此时达最大值，分别为 21.93mm、29.17mm。高沙窝的柠条退耕还林地和封育
沙蒿土壤深度分别在 20~40cm 和 40~60cm 时，土壤储水量最大，分别为 27.77mm、

24.65mm。沙泉湾的杨柴土壤深度在80~100cm时，土壤储水量最小，为12.05mm；高沙窝的柠条与沙柳林地在土壤深度为0~20cm时，土壤储水量较低，分别为10.17mm、6.50mm；高沙窝的柠条退耕还林地以及封育沙蒿的土壤储水量最小时土壤深度均为60~80cm，分别为17.53mm、16.40mm。

乔木林地的佟记圈区域林龄为5年的樟子松、大水坑区域林龄为10年的小叶杨以及大水坑的山杏林地土壤储水量分别在20~40cm、60~80cm、0~20cm时有最大值35.75mm、38.40mm、53.67mm；分别在40~60cm、20~40cm、80~100cm时，土壤储水量较低，分别为20.62mm、16.60mm和12.03mm。

2. 不同立地类型土壤容重变化规律

根据表3-38中不同立地类型土壤容重垂变化的数据可看出，自然林地大墩梁区域的流动沙丘和高沙窝区域的放牧草地均在20~40cm土壤深度时土壤容重较高，分别为1.65g/cm³和1.52g/cm³；在0~20cm时，自然林地的放牧草地土壤容重有最小值1.44g/cm³，而大墩梁区域的流动沙丘在60~80cm时有最小值1.6g/cm³。

表3-38　不同立地类型土壤容重变化　　　　单位：g/cm³

立地类型	土壤容重					
	0~20cm	20~40cm	40~60cm	60~80cm	80~100cm	总平均值
流动沙丘（大墩梁）	1.61	1.65	1.62	1.60	1.64	1.63±0.02A
放牧草地（高沙窝）	1.44	1.52	1.44	1.50	1.49	1.48±0.04CDE
杨柴（沙泉湾）	1.44	1.51	1.57	1.50	1.50	1.50±0.05BCD
柠条退耕还林（高沙窝）	1.52	1.35	1.37	1.38	1.40	1.40±0.07EF
封育沙蒿（高沙窝）	1.55	1.58	1.57	1.52	1.61	1.56±0.03AB
柠条（高沙窝）	1.47	1.49	1.52	1.49	1.52	1.50±0.02BCD
沙柳（高沙窝）	1.53	1.58	1.55	1.55	1.50	1.54±0.03BC
樟子松林龄8年（佟记圈）	1.40	1.36	1.55	1.50	1.46	1.45±0.08DEF
小叶杨林龄10年（大水坑）	1.35	1.59	1.61	1.51	1.58	1.53±0.11BCD
山杏新造林地（大水坑）	1.36	1.56	1.37	1.38	1.32	1.39±0.09F

灌木林地中土壤容重随土壤深度的增加而变化，沙泉湾的杨柴土壤容重随土壤深度的增加呈上升—下降—上升的趋势，高沙窝区域的柠条退耕还林地的土壤容重先降低后增加，高沙窝区域的封育沙蒿和柠条林地的土壤容重随土壤深度增加呈先增加后降低在增加的趋势，高沙窝的沙柳则先降低再增加。当土壤深度在40~60cm时，沙泉湾的杨柴以及高沙窝的柠条土壤容重均达最大值，分别为1.57g/cm³和1.52g/cm³，高沙窝的柠条土壤深度在40~60cm与80~100cm时的土壤容重一致。高沙窝的柠条退耕还林地在0~20cm时土壤容重较高，为1.52g/cm³，高沙窝区域封育沙蒿的土壤容重在80~100cm时有最大值1.61g/cm³。佐记圈区域林龄为8年的樟子松和大水坑区域林龄为10年的小叶杨土壤容重均在深度为40~60cm时有最大值1.55g/cm³、1.61g/cm³。大水坑区域的山杏土壤容重在20~40cm时，土壤容重有最大值1.56g/cm³。同时，在土壤深度为80~100cm时，大水坑区域的山杏林地土壤容重为1.32g/cm³，小于其余土壤深度下的土壤容重，佐记圈区域林龄为8年的樟子松和大水坑区域林龄为10年的小叶杨分别在土壤深度为20~40cm和0~20cm时有最小值1.36g/cm³和1.35g/cm³。

3. 不同立地类型土壤最大持水率变化规律

表3-39所示，自然林地大墩梁区域的流动沙丘和高沙窝区域的放牧草地均在20~40cm土壤深度时，土壤最大持水率有最小值20.45%和26.81%；在土壤深度为0~20cm时，高沙窝区域自然林地的放牧草地土壤最大持水率有最大值29.85%，大墩梁区域的流动沙丘在土壤深度为60~80cm时，土壤最大持水率最大，为24.63%。沙泉湾杨柴林地的土壤最大持水率随土壤深度的增加呈下降—上升—下降的趋势，高沙窝区域的柠条退耕还林地和封育沙蒿的土壤最大持水率均随土壤深度的增加表现为先增加后降低，柠条林地呈先降低后增加再降低的趋势。高沙窝的沙柳则随土壤深度增加，土壤最大持水率先降低后增加再降低，当土壤深度在40~60cm时，沙泉湾的杨柴以及高沙窝的柠条土壤最大持水率均有最小值25.32%和25.60%，高沙窝的柠条退耕还林地在0~20cm时土壤最大持水

率较低，为 24.58%，但土壤深度为 20~40cm 时大于本灌木林地其余土壤深度下的土壤最大持水率（31.48%）。高沙窝区域封育沙蒿的土壤最大持水率在 80~100cm 时有最小值 25.08%。

通过观察表中数据发现，沙泉湾区域的杨柴、高沙窝的封育沙蒿以及高沙窝的柠条和沙柳在土壤深度为 60~80cm 时，土壤的最大持水率均存在最大值，分别为 30.57%、27.85%、27.89% 和 27.31%。

表 3-39　不同立地类型土壤最大持水率变化　　　　　　单位:%

立地类型	土壤最大持水率					
	0~20cm	20~40cm	40~60cm	60~80cm	80~100cm	总平均值
流动沙丘（大墩梁）	23.77	20.45	22.70	24.63	23.38	22.99±1.58CD
放牧草地（高沙窝）	29.85	26.81	29.82	26.96	27.14	28.12±1.58AB
杨柴（沙泉湾）	30.23	29.33	25.32	30.57	27.54	28.60±2.18AB
柠条退耕还林（高沙窝）	24.58	31.48	31.11	30.64	30.14	29.59±2.85AB
封育沙蒿（高沙窝）	25.28	26.12	26.76	27.85	25.08	26.22±1.13BC
柠条（高沙窝）	26.64	26.79	25.60	27.89	25.96	26.58±0.88BC
沙柳（高沙窝）	26.20	24.77	25.80	27.31	26.12	26.04±0.91BC
樟子松林龄 8 年（佟记圈）	29.98	26.18	24.59	26.56	27.66	27.00±2.00B
小叶杨林龄 10 年（大水坑）	40.83	24.42	22.44	26.17	24.06	27.58±7.52B
山杏新造林地（大水坑）	34.95	25.84	32.23	33.08	33.00	31.82±3.49A

佟记圈区域林龄 8 年的樟子松和大水坑区域林龄 10 年的小叶杨以及大水坑的山杏在土壤深度为 0~20cm 时，土壤最大持水率均有最大值 29.98%、40.83% 和 34.95%。大水坑林龄 10 年的小叶杨和山杏林地的土壤最大持水率随土壤深度的增加呈降低—增加—降低的趋势，佟记圈区域林龄 8 年的樟子松最大持水率随土壤深度的增加先降低后增加，在土壤深度为 40~60cm 时，佟记圈区域林龄 8 年的樟子松和大水坑区域林龄 10 年的小叶杨的土壤最大持水率均有最小值 24.59%、22.44%，而大水坑的山杏在土壤深度为 20~40cm 时，土壤最大持水率最小，为 25.84%。

4. 不同立地类型土壤最大持水量变化规律

由表 3-40 可看出，大墩梁区域的流动沙丘土壤最大持水量随着土壤深度的增加呈先降低后增加再降低的趋势，在 20~40cm 土壤深度时，土壤最大持水量有最小值 67.32mm；在土壤深度为 60~80cm 时有最大值 79.02mm。高沙窝区域的放牧草地在土壤深度为 40~60cm 时，土壤最大持水量为 85.90mm，高于其余土壤深度下的土壤最大持水量；当土壤深度在 60~80cm 和 80~100cm 时，土壤的最大持水量均为 80.63mm。灌木林地中土壤最大持水量随土壤深度的增加而变化，沙泉湾的杨柴土壤最大持水量随土壤深度的增加先下降后上升再下降。高沙窝区域的柠条退耕还林地和封育沙蒿的土壤最大持水量随土壤深度的增加表现为先上升后下降，当土壤深度在 0~20cm 时土壤最大持水量最小，分别为 74.77mm 和 78.33mm。在土壤深度为 40~60cm 时，沙泉湾的杨柴和高沙窝的柠条土壤最大持水量分别为 79.45mm、77.63mm，均小于该灌木林地其余土壤深度下求得的土壤最大持水量。高沙窝柠条退耕还林地在土壤深度为 40~60cm 时，土壤的最大持水量最高为 85.13mm；土壤深度为 60~80cm 时，除高沙窝区域的柠条退耕还林地外，其他林地的土壤最大持水量均最大，分别为 91.47mm、84.40mm、83.00mm、84.57mm。

表 3-40 不同立地类型土壤最大持水量变化 单位：mm

立地类型	土壤最大持水量					
	0~20cm	20~40cm	40~60cm	60~80cm	80~100cm	总平均值
流动沙丘（大墩梁）	76.77	67.32	73.53	79.02	76.85	74.70±4.57C
放牧草地（高沙窝）	85.77	81.43	85.90	80.63	80.63	82.87±2.72ABC
杨柴（沙泉湾）	87.17	88.55	79.45	91.47	82.75	85.88±4.77AB
柠条退耕还林（高沙窝）	74.77	84.77	85.13	84.73	84.63	82.81±4.50ABC
封育沙蒿（高沙窝）	78.33	82.45	84.00	84.40	80.70	81.98±2.50ABC
柠条（高沙窝）	78.17	79.60	77.63	83.00	79.03	79.49±2.11BC
沙柳（高沙窝）	80.03	78.20	79.73	84.57	78.10	80.13±2.63ABC
樟子松林龄 8 年（佟记圈）	83.80	71.27	76.33	79.57	80.73	78.34±4.77BC

立地类型	土壤最大持水量					
	0~20cm	20~40cm	40~60cm	60~80cm	80~100cm	总平均值
小叶杨林龄 10 年（大水坑）	110.03	77.43	72.17	79.00	76.27	82.98±15.33ABC
山杏新造林地（大水坑）	94.77	80.47	88.20	91.13	86.87	88.29±5.32A

佟记圈区域林龄 8 年的樟子松和大水坑区域林龄为 10 年的小叶杨以及山杏林地的在 0~20cm 的土层土壤最大持水量均最高，分别为 83.80mm、110.03mm 和 94.77mm。佟记圈区域林龄 8 年的樟子松和大水坑的山杏林地的土壤最大持水量在 20~40cm 时均最小，分别为 71.27mm 和 80.47mm，大水坑区域林龄为 10 年的小叶杨在土壤深度为 40~60cm 时，最大持水量较小（72.17mm）。

5. 不同立地类型土壤最小持水率变化规律

大墩梁和高沙窝的自然林地中流动沙丘和放牧草地土壤最小持水率随土壤深度的变化如表 3-41 所示，其中流动沙丘土壤最小持水率随土壤深度的增加表现为先增加后降低的趋势。在土壤深度为 0~20cm 时土壤最小持水率最低（15.45%）；当土壤深度达到 60~80cm 时，土壤最小持水率达最大值 18.72%。高沙窝的放牧草地呈先增加后降低再升高的变化趋势，土壤深度在 40~60cm 时，土壤最小持水率有最大值 22.25%；60~80cm 时土壤最小持水率降至最小值 20.78%。沙泉湾区域的杨柴和高沙窝区域的封育沙蒿以及柠条的土壤最小持水率在土壤深度为 60~80cm 时有最大值 23.34%、23.40% 和 22.73%；80~100cm 时，高沙窝区域的柠条退耕还林地的最小持水率为 24.75%，大于其余土壤深度下的最小持水率。另外，在 40~60cm 的土壤深度下，沙泉湾区域的杨柴土壤最小持水率最低为 19.06%；在 0~20cm 的土壤深度下，高沙窝柠条退耕还林地、高沙窝的封育沙蒿和柠条以及沙柳林地的最小持水率均最小，分别为 19.06%、20.20%、20.21%、15.01%。

表 3-41　不同立地类型土壤最小持水率变化　　　　　单位:%

立地类型	土壤最小持水率					
	0~20cm	20~40cm	40~60cm	60~80cm	80~100cm	总平均值
流动沙丘（大墩梁）	15.45	15.57	16.00	18.72	16.16	16.38±1.34CD
放牧草地（高沙窝）	21.24	22.03	22.25	20.78	21.22	21.51±0.61AB
杨柴（沙泉湾）	20.46	20.33	19.06	23.34	20.52	20.74±1.57AB
柠条退耕还林（高沙窝）	19.06	23.46	24.53	24.31	24.75	23.22±2.38A
封育沙蒿（高沙窝）	20.20	21.46	22.06	23.40	20.71	21.57±1.25AB
柠条（高沙窝）	20.21	20.57	20.45	22.73	21.45	21.08±1.03AB
沙柳（高沙窝）	15.01	19.81	20.85	19.27	16.89	18.37±2.37BCD
樟子松林龄 8 年（佟记圈）	21.44	18.82	20.02	19.62	17.39	19.46±1.49ABC
小叶杨林龄 10 年（大水坑）	37.16	19.70	18.57	20.07	17.55	22.61±8.12A
山杏新造林地（大水坑）	28.93	19.42	22.50	23.23	22.24	23.26±3.48A

通过分析不同乔木林地的土壤最小持水率可知，在土壤表层（0~20cm）时，佟记圈区域林龄 8 年的樟子松和大水坑区域林龄 10 年的小叶杨以及大水坑区域的山杏林地的土壤最小持水率均有最大值 21.44%、37.16% 和 28.93%。这表明乔木的表层土壤对水分的吸收能力较强。佟记圈区域林龄 8 年的樟子松和大水坑区域林龄 10 年的小叶杨在土壤深度为 80~100cm 时，土壤最小持水率均最小，分别为 17.39%、17.55%，而大水坑区域的山杏在土壤深度为 20~40cm 时较低，为 19.42%。

6. 不同立地类型土壤最小持水量变化规律

通过表 3-42 可知，大墩梁流动沙丘和高沙窝放牧草地土壤最小持水量随土壤深度的变化总体上表现为先增加后降低，在土壤深度为 0~20cm 时，土壤最小持水率均最低，分别为 49.90mm、61.03mm；当土壤深度达到 60~80cm 时，大墩梁区域的流动沙丘土壤最小持水量达到最大值 60.03mm，而高沙窝放牧草地土壤深度在 20~40cm 时，土壤最小持水量有最大值为 66.93mm。沙泉湾区域的杨柴、高沙窝区域的柠条退耕还林地、高沙窝的封育沙蒿和柠条以及沙柳林地的土壤最小持水量在 0 ~ 20cm 时最小，分别为 59.00mm、58.00mm、62.60mm、59.30mm 和 45.87mm，这表明灌木林地的土壤最小持水量主要集中在表层土壤中。在土壤深度为 80~100cm 时，高沙窝区域的柠条退耕还林地的最小持水量为 69.50mm，在 60~80cm 的土壤深度下，沙泉湾区域的杨柴和高沙窝的封育沙蒿以及高沙窝的柠条土壤最小持水量均最小，分别为 69.83mm、70.93mm、67.63mm，40 ~ 60cm 的土壤深度下，高沙窝沙柳土壤最小持水量最大，为 64.43mm。

乔木林地佟记圈区域林龄 8 年的樟子松在土壤深度为 40~60cm 时，土壤最小持水量大（62.13mm），大水坑区域林龄 10 年的小叶杨以及大水坑区域的山杏林地土壤最小持水量在 0 ~ 20cm 时最大，分别为 100.13mm、78.43mm，这表明乔木的土壤表层对水分的吸收能力较强。佟记圈区域林龄 8 年的樟子松和大水坑区域林龄 10 年的小叶杨以及大水坑区域林龄 10 年的小叶杨在土壤深度为 80~100cm 时，土壤最小持水率均最小，分别为 50.77mm、55.63mm、58.53mm。

表 3-42　不同立地类型土壤最小持水量变化　　　　　单位：mm

立地类型	土壤最小持水量					
	0~20cm	20~40cm	40~60cm	60~80cm	80~100cm	总平均值
流动沙丘（大墩梁）	49.90	51.23	51.83	60.03	53.13	53.23±3.98CD
放牧草地（高沙窝）	61.03	66.93	64.10	62.17	63.03	63.45±2.25AB
杨柴（沙泉湾）	59.00	61.40	59.80	69.83	61.65	62.34±4.33ABC
柠条退耕还林（高沙窝）	58.00	63.17	67.13	67.23	69.50	65.01±4.53AB
封育沙蒿（高沙窝）	62.60	67.75	69.25	70.93	66.63	67.43±3.15A
柠条（高沙窝）	59.30	61.13	62.03	67.63	65.30	63.08±3.35AB
沙柳（高沙窝）	45.87	62.57	64.43	59.67	50.50	56.61±8.04BC
樟子松林龄 8 年（佟记圈）	59.93	51.23	62.13	58.77	50.77	56.57±5.23BC
小叶杨林龄 10 年（大水坑）	100.13	62.47	59.70	60.60	55.63	67.71±18.30A
山杏新造林地（大水坑）	78.43	60.47	61.57	64.00	58.53	64.60±7.98AB

7. 不同立地类型土壤毛管持水率变化规律

自然林地中大墩梁的流动沙丘在 0~100cm 深度的土壤毛管持水率变化如表 3-43 所示，土壤深度在 60~80cm 时有最大值 19.35%，而高沙窝区域的放牧草地有最小值 22.31%，这表明大墩梁流动沙丘的各土壤毛管持水率均小于高沙窝放牧林地，放牧草地对水分的保持能力优于流动沙丘。沙泉湾区域的杨柴、高沙窝区域的封育沙蒿和柠条林地毛管持水率在 60~80cm 时均有最大值 28.12%、24.08%、24.40%。当土壤深度在 40~60cm 时，高沙窝的柠条退耕还林地以及沙柳林地土壤毛管持水率分别为 26.57%、26.38%，均大于其他土层的土壤毛管持水率，这表明灌木林地的土壤毛管对水分的保持基本集中在土壤中层（40~80cm）。在土壤深度为 0~20cm 时柠条退耕还林地和高沙窝的柠条以及沙柳林地的毛管持水率均有最小值 21.65%、21.66%、18.43%；高沙窝的封育沙蒿土壤在 0~20cm、80~100cm 时，土壤毛管持水率较为接近；在 80~100cm 时最低，这表明大部分灌木林地土壤表层（0~20cm）毛管对水分的保持能力较差。

表 3-43　不同立地类型土壤毛管持水率变化　　　　单位:%

立地类型	土壤毛管持水率					
	0~20cm	20~40cm	40~60cm	60~80cm	80~100cm	总平均值
流动沙丘（大墩梁）	16.37	16.17	16.97	19.35	17.42	17.26±1.27DE
放牧草地（高沙窝）	23.95	23.18	24.40	22.31	24.02	23.57±0.83ABC
杨柴（沙泉湾）	26.91	27.26	24.11	28.12	24.66	26.21±1.74AB
柠条退耕还林（高沙窝）	21.65	25.58	26.57	26.30	26.09	25.24±2.04AB
封育沙蒿（高沙窝）	21.70	22.29	23.08	24.08	21.61	22.55±1.04BC
柠条（高沙窝）	21.66	22.82	21.75	24.40	22.44	22.61±1.11BC
沙柳（高沙窝）	18.43	20.91	22.38	20.86	19.15	20.35±1.57CDE
樟子松林龄 8 年（佟记圈）	22.32	20.36	20.40	20.47	19.12	20.53±1.15CD
小叶杨林龄 10 年（大水坑）	39.55	22.84	21.10	25.01	21.78	26.06±7.69AB
山杏新造林地（大水坑）	32.76	18.43	28.17	28.07	28.22	27.13±5.26A

通过分析表中乔木林地的土壤毛管持水率可知，佟记圈区域林龄 8 年的樟子松、大水坑区域林龄 10 年的小叶杨和山杏林地的土壤毛管持水率最大值均集中在 0~20cm 的表层土壤中，分别为 22.32%、39.95%、32.76%，这表明乔木的表层土壤对水分的保持能力较强，各乔木林地的土壤毛管持水率的最小值分布不均匀，主要集中在土壤的中层。

8. 不同立地类型土壤毛管持水量变化规律

由表 3-44 可知，自然林地中大墩梁的流动沙丘和高沙窝的放牧草地在 0~100cm 深度时，土壤毛管持水量都集中在 60~100cm 土层中。在深度为 0~20cm 时，大墩梁区域流动沙丘土壤毛管持水量最小 52.87mm，60~80cm 时高沙窝的放牧草地土壤毛管持水量最小为 66.73mm，但大于流动沙丘，表明放牧草地的土壤对水分的保持能力较强。沙泉湾区域的杨柴、高沙窝区域的封育沙蒿和柠条林地的毛管持水量在 60~80cm 时均有最大值 84.13%、73.00%、72.60%。当土壤深度在 40~60cm 时，高沙窝的沙柳林地土壤毛管持水量最大为 69.17%，这表明灌木林地的土壤毛管对水分的保持基本集中在土壤中层（40~80cm）。除沙泉湾的杨柴外，其余灌木林地土壤毛管持水量最小值均在 0~20cm 时，高沙窝区域的柠条退耕还林地、柠条以及封育沙蒿和沙柳林地的毛管持水量最小值分别为 65.87mm、67.23mm、63.57mm 和 56.30mm，这表明大部分的灌木林地土壤表层（0~20cm）毛管对土壤的水分的保持能力较差。

表 3-44　不同立地类型土壤毛管持水量变化　　　　　单位：mm

立地类型	土壤毛管持水量					
	0~20cm	20~40cm	40~60cm	60~80cm	80~100cm	总平均值
流动沙丘（大墩梁）	52.87	53.23	54.97	62.07	57.27	56.08±3.77FG
放牧草地（高沙窝）	68.80	70.40	70.27	66.73	71.37	69.51±1.80BCD
杨柴（沙泉湾）	77.60	82.30	75.65	84.13	74.10	78.76±4.31A
柠条退耕还林（高沙窝）	65.87	68.90	72.70	72.73	73.27	70.69±3.21ABCD
封育沙蒿（高沙窝）	67.23	70.35	72.45	73.00	69.53	70.51±2.33ABCD

（续表）

立地类型	土壤毛管持水量					
	0~20cm	20~40cm	40~60cm	60~80cm	80~100cm	总平均值
柠条（高沙窝）	63.57	67.80	65.97	72.60	68.33	67.65±3.34CDE
沙柳（高沙窝）	56.30	66.03	69.17	64.60	57.27	62.67±5.64EFD
樟子松林龄8年（佟记圈）	62.40	55.40	63.33	61.30	55.80	59.65±3.77EF
小叶杨林龄10年（大水坑）	106.60	72.43	67.83	75.50	69.03	78.28±16.11EF
山杏新造林地（大水坑）	88.83	57.40	77.10	77.33	74.27	74.99±11.31ABC

通过分析乔木林地的土壤毛管持水量发现，佟记圈区域林龄为8年的樟子松和大水坑区域林龄10年的小叶杨以及大水坑区域的山杏林地土壤毛管持水量最小值分别为55.40mm、72.43mm、57.40mm，均集中在20~40cm的土层。除佟记圈区域林龄为8年的樟子松土壤毛管持水量最大值在40~60cm外，其他林地均集中在0~20cm的土壤表层中，且均高于佟记圈区域林龄为8年的樟子松，这表明乔木的表层土壤对水分的保持能力较强。

9. 不同立地类型土壤非毛管孔隙度变化规律

分析不同立地类型土壤非毛管孔隙度的变化可得出（表3-45），自然林地和灌木林地的土壤非毛管孔隙度最大值大多集中在土壤的中上层（0~40cm），而乔木林的土壤非毛管孔隙度的最大值集中在土壤下层（80~100cm）。自然林地中大墩梁区域流动沙丘和高沙窝区域的放牧草地土壤非毛管孔隙度在0~20cm时最大，分别为11.95%和8.48%；流动沙丘在土壤深度为20~40cm时土壤非毛管孔隙度最小，为7.04%；而放牧草地的非毛管孔隙度最小值在80~100cm时，这表明自然林地在土壤表层的非毛管孔隙度较大，土壤利于透气，流动沙丘土壤间的通气较好。灌木林地中沙泉湾的杨柴和高沙窝的柠条以及沙柳林地的非毛管孔隙度在土壤深度为0~20cm时最大，分别为4.78%、7.30%、11.87%，并且随着土壤深度的增加，土壤非毛管孔隙度均先下降后上升。高沙窝的柠条退耕还林地以及封育沙蒿在20~40cm时，土壤非毛管孔隙度最大，分别为7.93%和6.05%，随土壤深度的增加，两灌木林地的土壤非毛管孔隙度先增加后降低。比较灌木林地的平均非毛管孔隙度可知，大水坑区域的沙柳的平均土壤非毛管孔隙度较高，为8.73%，说明此地区的土壤通气效果好；沙泉湾区域的杨柴林地的平均土壤非毛管孔隙度较低，说明土壤间的通气效果比一般灌木林地土壤差。佟记圈区域林龄为8年的樟子松土壤非毛管孔隙度随土壤深度的增加先降低后升高，最小值为6.50%，最大值为12.47mm。大水坑区域林龄为10年的小叶杨以及山杏土壤非毛管孔隙度均在0~20cm时有最小值，分别为1.72%、2.97%。大水坑的山杏林地土壤非毛管孔隙度的变化差异较大，土壤深度为20~40cm时达最大值11.53%，增长了74.24%。

表3-45　不同立地类型土壤非毛管孔隙度变化　　　　　　单位：%

立地类型	土壤非毛管孔隙度					
	0~20cm	20~40cm	40~60cm	60~80cm	80~100cm	总平均值
流动沙丘（大墩梁）	11.95	7.04	9.28	8.48	9.79	9.31±1.81A
放牧草地（高沙窝）	8.48	5.52	7.82	6.95	4.63	6.68±1.59BC
杨柴（沙泉湾）	4.78	3.13	1.90	3.67	4.33	3.56±1.22DE
柠条退耕还林（高沙窝）	4.45	7.93	6.22	6.00	5.68	6.06±1.25CD
封育沙蒿（高沙窝）	5.55	6.05	5.78	5.70	5.58	5.73±0.20CD
柠条（高沙窝）	7.30	5.90	5.83	5.20	5.35	5.92±0.83CD
沙柳（高沙窝）	11.87	6.08	5.28	9.98	10.42	8.73±2.88AB
樟子松林龄8年（佟记圈）	10.70	7.93	6.50	9.13	12.47	9.35±2.33A
小叶杨林龄10年（大水坑）	1.72	2.50	2.17	1.75	3.62	2.35±0.78E
山杏新造林地（大水坑）	2.97	11.53	5.55	6.90	6.30	6.65±3.11BC

10. 不同立地类型土壤毛管孔隙度变化规律

根据表3-46可知，自然林地和灌木林地的土壤毛管孔隙度最大值大多集中在60~100cm土壤深度，而乔木林地的土壤毛管孔隙度的最大值大多集中在0~

20cm 土壤深度。自然林地中大墩梁区域的流动沙丘和高沙窝区域的放牧草地土壤毛管孔隙度在 60~80cm 和 80~100cm 时有最大值 31.03%、35.68%；流动沙丘在土壤深度为 20~40cm 时土壤毛管孔隙度有最小值 26.62%，而放牧草地的非毛管孔隙度最小值在 60~80cm，这表明自然林地在土壤深层的毛管孔隙度较大，利于土壤保持水分，且放牧草地的毛管孔隙度比流动沙丘高，表明放牧草地对水分的保持能力强。灌木林地中沙泉湾的杨柴和高沙窝的封育沙蒿以及柠条林地的毛管孔隙度在土壤深度为 60~80cm 时均有最大值 42.07%、36.50%、36.30%；高沙窝的沙柳与柠条退耕还林地的土壤毛管孔隙度也分别在 40~60cm 和 80~100cm 有最大值，这表明灌木林地土壤水分主要集中在 40~100cm 的中下层。除沙泉湾的杨柴土壤毛管孔隙度最小值在 80~100cm 深度下外，其余灌木林地土壤毛管孔隙度均在 0~20cm 时最小，这表明灌木土壤表层对水分的保持能力较低。佟记圈和大水坑区域的乔木林地中，佟记圈区域林龄为 8 年的樟子松和大水坑区域林龄为 10 年的小叶杨以及大水坑区域的山杏林地土壤毛管孔隙度均在 20~40cm 时最小，分别为 27.70%、36.22%、28.70%。大水坑区域林龄为 10 年的小叶杨以及山杏在土壤深度为 0~20cm 时土壤毛管孔隙度最大，分别为 53.30%、44.42%，表明乔木土壤在表层时，土壤水分的保持能力较强。

表 3-46　不同立地类型土壤毛管孔隙度垂直变化　　　　单位:%

立地类型	土壤毛管孔隙度					
	0~20cm	20~40cm	40~60cm	60~80cm	80~100cm	总平均值
流动沙丘（大墩梁）	26.43	26.62	27.48	31.03	28.63	28.04±1.89F
放牧草地（高沙窝）	34.40	35.20	35.13	33.37	35.68	34.76±0.90BCDE
杨柴（沙泉湾）	38.80	41.15	37.83	42.07	37.05	39.38±2.15B
柠条退耕还林（高沙窝）	32.93	34.45	36.35	36.37	36.63	35.35±1.61BCD
封育沙蒿（高沙窝）	33.62	35.18	36.23	36.50	34.77	35.26±1.16BCDE
柠条（高沙窝）	31.78	33.90	32.98	36.30	34.17	33.83±1.67CDE
沙柳（高沙窝）	28.15	33.02	34.58	32.30	28.63	31.34±2.81DEF
樟子松林龄 8 年（佟记圈）	31.20	27.70	31.67	30.65	27.90	29.82±1.88EF

（续表）

立地类型	土壤毛管孔隙度					
	0~20cm	20~40cm	40~60cm	60~80cm	80~100cm	总平均值
小叶杨林龄10年（大水坑）	53.30	36.22	33.92	37.75	34.52	39.14±8.06BC
山杏新造林地（大水坑）	44.42	28.70	38.55	38.67	37.13	37.49±5.65BC

11. 不同立地类型土壤总孔隙度垂直变化规律

对不同立地类型土壤毛管总孔隙度的数据（表3-47）分析可知，自然林地和灌木林地的土壤毛管总孔隙度最大值大多集中在40~80cm土壤深度，而乔木林的土壤毛管孔隙度的最大值大部分集中在0~20cm。自然林地中大墩梁区域的流动沙丘和高沙窝区域的放牧草地土壤毛管总孔隙度随土壤深度变化的趋势大致相同，均表现为先降低后增加再降低。大墩梁区域的流动沙丘土壤毛管总孔隙度在60~80cm下达最大值39.51%，而高沙窝区域的放牧草地在40~60cm时达最大值42.95%，高于大墩梁流动沙丘；土壤深度为60~80cm和80~100cm深度下毛管总孔隙度最小，均为40.32%。这表明高沙窝放牧草地的土壤孔隙占土壤容积的比例高于流动沙丘，进一步说明放牧草地的土壤保水能力优于流动沙丘。

表3-47　不同立地类型土壤总孔隙度垂直变化　　　　　　单位:%

立地类型	土壤总孔隙度					
	0~20cm	20~40cm	40~60cm	60~80cm	80~100cm	总平均值
流动沙丘（大墩梁）	38.38	33.66	36.77	39.51	38.43	37.35±2.28BC
放牧草地（高沙窝）	42.88	40.72	42.95	40.32	40.32	41.44±1.36AB
杨柴（沙泉湾）	43.58	44.28	39.73	45.73	41.38	42.94±2.38A
柠条退耕还林（高沙窝）	37.38	42.38	42.57	42.37	42.32	41.40±2.25AB
封育沙蒿（高沙窝）	39.17	41.23	42.00	42.20	40.35	40.99±1.25ABC
柠条（高沙窝）	39.08	39.80	38.82	41.50	39.52	39.74±1.05ABC
沙柳（高沙窝）	40.02	39.10	39.87	42.28	39.05	40.06±1.32ABC
樟子松林龄8年（佟记圈）	34.83	48.11	38.61	49.02	32.06	40.52±7.70ABC

（续表）

立地类型	土壤总孔隙度					
	0~20cm	20~40cm	40~60cm	60~80cm	80~100cm	总平均值
小叶杨林龄10年（大水坑）	41.90	35.63	38.17	39.78	40.37	39.17±2.39ABC
山杏新造林地（大水坑）	55.02	38.72	36.08	39.50	38.13	41.49±7.67AB

灌木林地中沙泉湾的杨柴和高沙窝的封育沙蒿和柠条以及沙柳林地土壤毛管总孔隙度在土壤深度为 60~80cm 时均达最大值 45.73%、42.20%、41.50%、42.28%。高沙窝的柠条退耕还林地的土壤毛管孔隙度在 40~60cm 时有最大值，这表明灌木林地的土壤毛管总孔隙度主要集中在 40~80cm。通过观察各灌木林地的土壤平均总孔隙度发现，灌木林地的土壤毛管总孔隙度大体上高于自然林地的流动沙丘，说明灌木林地土壤保水能量较强。佟记圈区域林龄为 8 年的樟子松土壤总孔隙度在 60~80cm 时最大，为 49.02%，较 80~100cm 时提高了 34.60%。

大水坑区域林龄为 10 年的小叶杨和山杏林地的土壤总孔隙度均在土壤深度为 0~20cm 时最大，分别为 41.90% 和 55.02%，而最小值为 35.63% 和 36.08%，差异较大。综上，乔木的土壤总孔隙度最高值集中在 0~20cm 的土壤表层中，且总孔隙度大于自然林地和灌木林地。

二、不同立地类型土壤持水性变化

通过分析土壤孔隙度和水分状况的相关指标（表 3-48）可知，大水坑区域林龄为 10 年的小叶杨的平均土壤储水量为 26.49mm，较沙泉湾区域杨柴林地提高 10.17mm，这表明大水坑区域林龄为 10 年的小叶杨对水分储存能力高于其他林地，沙泉湾区域的杨柴林地对土壤水分的储存能力最差。流动沙丘的平均土壤容重最大，为 1.63g/cm³，这说明高沙窝区域流动沙丘土壤孔隙少，土壤密度较大。大水坑区域山杏平均土壤容重较小，为 1.39g/cm³，表明山杏林地土壤密度较小。通过观察表中数据可进一步发现，大墩梁区域的流动沙丘的平均土壤最大持水量、最小持水量以及毛管持水量均低于其余林地，土壤的最大持水量、最小

表3-48 不同立地类型土壤持水性变化

立地类型	土壤储水量 (mm)	土壤容重 (g/cm³)	最大持水率 (%)	最大持水量 (mm)	毛管持水率 (%)	毛管持水量 (mm)	最小持水率 (%)	最小持水量 (mm)	非毛管孔隙度 (%)	毛管孔隙度 (%)	总孔隙度 (%)
流动沙丘 (大墩梁)	19.49±4.89AB	1.63±0.02A	22.99±1.58CD	74.70±4.57C	17.26±1.27DE	56.08±3.77FG	16.38±1.34CD	53.23±3.98CD	9.31±1.81A	28.04±1.89F	37.35±2.28BC
放牧草地 (高沙窝)	17.81±3.10B	1.48±0.04CDE	28.12±1.58AB	82.87±2.72ABC	23.57±0.83ABC	69.51±1.80BCD	21.51±0.61AB	63.45±2.25AB	6.68±1.59BC	34.76±0.90BCDE	41.44±1.36AB
杨柴 (沙泉湾)	16.32±3.66AB	1.50±0.05BCD	28.60±2.18AB	85.88±4.77AB	26.21±1.74AB	78.76±4.31A	20.74±1.57AB	62.34±4.33ABC	3.56±1.22DE	39.38±2.15B	42.94±2.38A
1m×6m柠条、退耕还林 (高沙窝)	21.50±3.98AB	1.40±0.07EF	29.59±2.85AB	82.81±4.50ABC	25.24±2.04AB	70.69±3.21ABCD	23.22±2.38A	65.01±4.53AB	6.06±1.25CD	35.35±1.61BCD	41.40±2.25AB
封育沙蒿 (高沙窝)	19.37±3.16AB	1.56±0.03AB	26.22±1.13BC	81.98±2.50ABC	22.55±1.04BC	70.51±2.33ABCD	21.57±1.25AB	67.43±3.15A	5.73±0.20CD	35.26±1.16BCDE	40.99±1.25ABC
柠条 (高沙窝)	16.87±4.40AB	1.50±0.02BCD	26.58±0.88BC	79.49±2.11BC	22.61±1.11BC	67.65±3.34CDE	21.08±1.03AB	63.08±3.35AB	5.92±0.83CD	33.83±1.67CDE	39.74±1.05ABC
沙柳 (高沙窝)	17.35±9.66AB	1.54±0.03BC	26.04±0.91BC	80.13±2.63ABC	20.35±1.57CDE	62.67±5.64EFD	18.37±2.37BCD	56.61±8.04BC	8.73±2.88AB	31.34±2.81DEF	40.06±1.32ABC
樟子松林龄8年 (佟记圈)	25.00±6.26AB	1.45±0.08DEF	27.00±2.00B	78.34±4.77BC	20.53±1.15CD	59.65±3.77EF	19.46±1.49ABC	56.57±5.23BC	9.35±2.33A	29.82±1.88EF	40.52±7.70ABC
小叶杨林龄10年 (大水坑)	26.49±9.58A	1.53±0.11BCD	27.58±7.52B	82.98±15.33ABC	26.06±7.69AB	78.28±16.11EF	22.61±8.12A	67.71±18.30A	2.35±0.78E	39.14±8.06BC	39.17±2.39ABC
山杏 (大水坑)	23.15±17.21AB	1.39±0.09F	31.82±3.49A	88.29±5.32A	27.13±5.26A	74.99±11.31ABC	23.26±3.48A	64.60±7.98AB	6.65±3.11BC	37.49±5.65BC	41.49±7.67AB
榆树 (佟记圈)	18.95±7.26AB	1.47±0.07CDEF	20.69±3.65D	60.63±10.44D	16.41±2.96E	47.92±7.07G	15.41±3.07D	44.97±7.60D	6.35±3.55BC	70.10±8.92A	36.48±3.11C

持水量以及毛管持水量能反映土壤水分状态，土壤的最大持水量、最小持水量以及毛管持水量低，说明大墩梁流动沙丘的土壤对水分储存能力差。毛管对水分的吸收能力较弱，从而导致水分流失较为严重。大水坑区域的山杏林地平均土壤最大持水量较高，平均毛管持水量和最小持水量与这一地区林龄为 10 年的小叶杨的平均值相近。这表明大水坑的小叶杨和山杏林地比自然林地和灌木林地对土壤水分的储存能力高，并且土壤中毛管对水分的吸收较强，同时也说明了土壤的保水能力强，水分流失相对较少。沙泉湾区域的杨柴毛管孔隙度比自然林地和乔木林地的毛管孔隙度大，说明其保水能力也相对较高。大墩梁区域的流动沙丘非毛管孔隙度高于其余林地，表明沙丘土壤的透气效果较好，可能是由于此地区的土壤沙质化导致其透气效果好，同时也反映了土壤潜在的渗透能力高。沙泉湾区域杨柴林地平均土壤总孔隙度为 42.94%，均大于其余林地的土壤总孔隙度，这表明此地区的土壤孔隙所占容积的比例较高。

第四章　宁夏干旱风沙区典型自然植被类型土壤水分动态监测研究

　　在充分野外实地勘查和资料综合分析的基础上，按照主要植被类型、立地类型，以宁夏干旱风沙区主要人工造林树种及典型的林地植被类型为主要监测评价对象，以土壤水分为重点监测指标，以半流动沙丘、流动沙丘、固定沙地、人工苜蓿、天然沙蒿林地、封育草场、天然放牧地等不同土地利用方式为对照，针对不同固沙造林树种、不同造林密度、不同土地利用类型、不同林龄等立地类型，在项目研究区——盐池县全县范围内开展了基于宁夏干旱风沙区水资源承载力的合理造林密度监测试验。累计布设了 112 根 200cm TDR（时域反射仪）土壤水分监测探管，自 2016 年 4 月开始，每月测定一次，定期监测上述不同区域土壤水分动态变化规律。其中人工林分别设计了株距与行距处理，分别为距离树木水平距离 50cm 和林带行距中心处设置的监测点。重点树种设置了不同造林密度和不同造林林龄监测，非重点树种未涉及，全书林龄均以 2016 年为起始年。通过获取植被结构与生长、沙地水分动态变化过程及其对环境影响评价因子等方面的数据，系统总结和分析沙区典型植被结构组成对土壤水分影响的变化规律及其机理。为后期依据区域大气降水量和林木耗水量、土壤储水量、林地蒸散量等建立不同植被类型的水量平衡方程。在水量平衡的基础上估算不同土壤类型所能提供的水资源量，依据水资源量和林木耗水量为计算合理的灌木造林密度提供监测数据。

第一节 宁夏干旱风沙区典型自然植被类型
土壤水分动态变化研究

一、宁夏干旱风沙区半流动沙丘土壤水分动态变化规律

为研究宁夏干旱地区无林地土壤水分变化规律，以宁夏中部干旱带较为典型的半流动沙丘为研究对象，在宁夏盐池县大墩梁区域的半流动沙丘区域布设水分探测管，从2016—2020年对该地区的半流动沙丘进行长达5年的土壤水分动态监测。试验结果表明（图4-1），半流动沙丘0~200cm土层水分呈现出上低下高趋势，随土层深度的增加而增加，并且各年份水分波动较大。由图4-1A可知，半流动沙丘2016年的土壤水分变化较为稳定，土壤含水量主要集中在150~200cm，且高于12%，其中4—6月以及9月的土壤含水量明显高于其余月份。而8月降水量较为丰富，土壤含水量在40~90cm深度有少量蓄水，但随着时间推移，水位下移使得9月含水量明显高于其他地区。2017年半流动沙丘土壤水分变化波动较大，如图4-1B所示，1—11月的水分动态监测表明半流动沙丘2017年的1—4月土壤水分波动较小，5—6月、8月和10月土壤含水量较为丰富，且在50~140cm土层深度的含水量均大于10%，5月和8月含水量达12%。2018年（图4-1C）和2019年（图4-1D）土壤含水量明显增强，100~200cm土层含水量明显高于2016年和2017年，且变化趋势明显。

通过对半流动沙丘地区5年的土壤水分监测发现，不同年份随着降水量或植被覆盖不同而略有差异，但在土层中的动态变化基本一致。从土壤水分变化分析可知，土层表面土壤含水量较低，随着土壤深度增加，含水量逐渐增加，在140~200cm深度，土壤水分明显增加，含水量较高。分析月份水分动态可知，宁夏中部干旱带半流动沙丘土壤含水量在1—4月较为平稳，5—6月和8月受降雨影响，土壤水分充足，尤其以8月最为显著，该季节土壤水分在0~200cm深度

范围均高于其余各季节，对半流动的沙丘的土壤修护和固沙起着关键性作用。

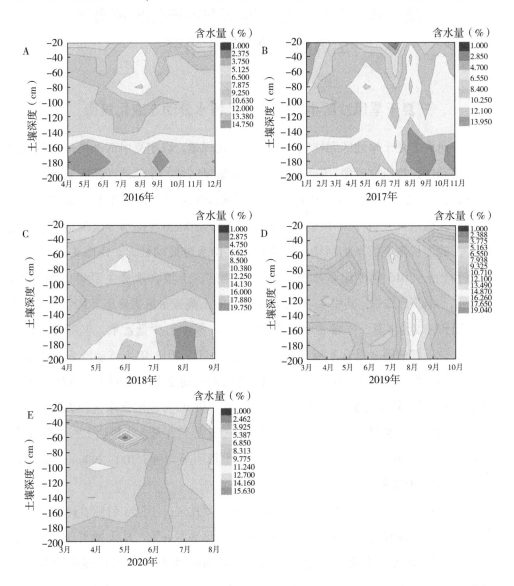

图4-1　2016—2020年宁夏干旱风沙区半流动沙丘土壤水分季节变化规律（见书后彩图）

二、宁夏干旱风沙区封育草场土壤水分动态变化规律

以高沙窝的封育草地作为研究对象，探究干旱风沙区封育草场土壤水分动态变化，分析含水量随土壤深度以及季节性变化规律，通过对 2016—2020 年数据分析显示（图 4-2），2016 年（图 4-2A）的土壤水分在 0～200cm 土层呈现升

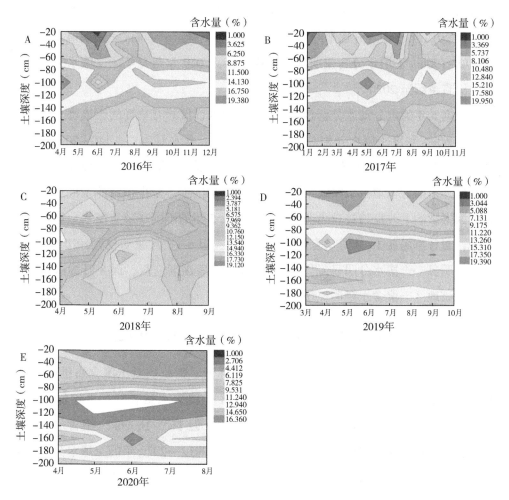

图 4-2 2016—2020 年宁夏干旱风沙区封育草场土壤水分季节变化规律（见书后彩图）

高—降低趋势，0~60cm 土层含水量明显匮乏，60~130cm 土层水分得以积累，该深度土壤含水量较高，在 14.13%~20%。分析 4—12 月不同季节数据，4—5月土壤含水量较为丰富，6—7 月含水量有所降低，8 月随着降水量增加，土壤水分得到补充，9—12 月水分逐渐减少。2017 年（图 4-2B）、2018 年（图 4-2C）、2019 年（图 4-2D）、2020 年（图 4-2E）水分动态变化规律与 2016 年基本一致，但 2018 年全年土壤水分明显低于其余年份，且 2018 年 6—7 月土壤水分明显减少，但 2019 年土壤水分逐渐升高，且土层水分下移，0~60cm 土层明显缺水，但在 170~190cm 土层水分含量明显高于前三年，2019 年封育草场土壤水分得以恢复，一直持续至 2020 年。

根据 5 年的水分动态分析表明，宁夏干旱风沙区封育草场的土壤水分变化相似，0~60cm 深度土壤水分相对匮乏，60~140cm 含水量丰富，140~200cm 含水量相对降低，从 2019 年开始土壤水分亏缺和旱化较为明显，土壤蓄水较为明显，分析原因主要为该地区禁牧政策的实施，使该地区生态呈现出自然发展规律，无人为因素影响下改良趋势较为明显。通过持续 5 年的不同季节土壤水分动态监测发现，封育草场在 1—4 月动态变化较为稳定，但 6—7 月波动较大，2016—2018年尤为明显，土壤水分明显降低，但在 2019 年后逐渐恢复，而 8 月为降雨丰富季节，该地区土壤含水量明显增多。

三、宁夏干旱风沙区放牧林地土壤水分动态变化规律

以放牧草地作为研究对象，探究宁夏中部干旱带放牧对土壤含水量的影响，根据图 4-3 表明，2016 年放牧草地 0~60cm 土壤含水量较低，平均低于 8%，60~110cm 含水量较为丰富，在 12.29%~20%，但 110~160cm 土壤含水量明显降低，平均低于 5%，160~200cm 时显著升高。2017—2020 年的土壤水分趋势与2016 年一致，但不同季节含水量变化较大。2016 年的 6—7 月水分明显较低，虽然 8—9 月的降雨增加了放牧草地的土壤水分，但水分滞留于 70~110cm 深度，2017 年也出现了类似现象，2018 年和 2019 年变化趋势最为明显。

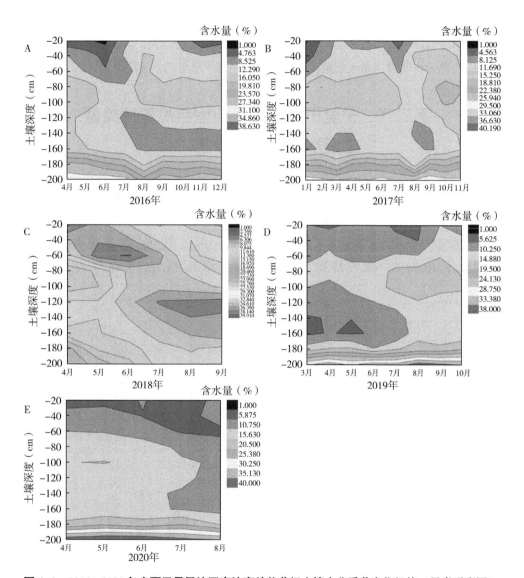

图4-3　2016—2020年宁夏干旱风沙区高沙窝放牧草场土壤水分季节变化规律（见书后彩图）

5年数据表明，放牧草地土壤水分动态变化受季节性影响较大，1—5月土壤含水量相对稳定，但5—7月土壤水分明显减少，8月降雨补充后土壤含水量有所增加。根据动态分布图显示，放牧草地受人为因素影响较大，该立地类型土壤储水较差，且易影响土壤原有水分（以 2018 年最为明显），降雨虽补充了水分，但地表蒸发较大，水分亏缺和旱化不明显，使得该地区土壤水分动态变化波动较大，且放牧草地的土壤在200cm 土层才有明显的储水现象，不利于宁夏中部干旱带的土壤改良。

第二节　宁夏干旱风沙区典型自然植被类型土壤水分差异性分析

宁夏干旱风沙区自然植被主要以半流动沙丘、封育草地和放牧草地为主，通过对三个不同立地类型的土壤进行持续 5 年的水分动态监测发现，三种类型的土壤水分动态存在较大差异。如图 4-4 所示，2016 年（图 4-4A）半流动沙丘全年平均水分 10.21%、放牧草地 10.74%、封育草地 11.02%；2017 年（图 4-

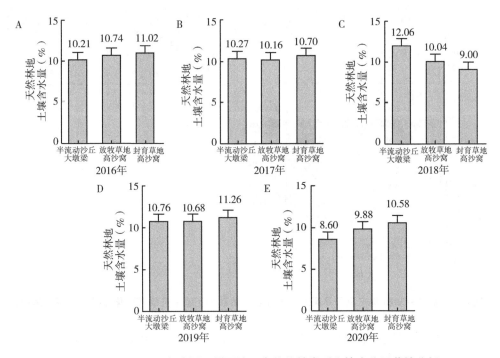

图 4-4　2016—2020 年宁夏干旱风沙区自然植被类型土壤水分显著性分析

4B）半流动沙丘 10.27%、放牧草地 10.16%、封育草地 10.70%；2018 年（图 4-4C）半流动沙丘 12.06%、放牧草地 10.04%、封育草地 9.00%；2019 年（图 4-4D）半流动沙丘 10.76%、放牧草地 10.68%、封育草地 11.26%；2020 年（图 4-4E）半流动沙丘 8.60%、放牧草地 9.88%、封育草地 10.58%。半流动沙丘、放牧草地和封育草地 2016 年、2017 年、2019 年和 2020 年变化趋势基本一致，三种类型的土壤水分没有显著差异，但根据 5 年的监测结果表明，半流动沙丘<放牧草地<封育草地，且半流动沙丘与放牧草地土壤含水量相差较小。以上结果说明，宁夏干旱风沙区放牧等人为因素的破坏会导致该地区生物多样性减少，土壤含水量降低，与半流动沙丘差异较小，而封育草地在自然条件下会达到新的生态平衡，保持土壤水分的同时，丰富该地区的物种多样性且改善土壤，对于干旱区自然植被的生态恢复以禁牧为主。

第五章　宁夏干旱风沙区主要人工灌木树种土壤水分动态监测与评价

第一节　宁夏干旱风沙区柠条林地土壤水分动态变化规律

宁夏中部干旱带气候干旱，生态系统单一，严重的荒漠化导致水土流失，沙尘暴时有发生。在干旱地区，土壤水分是植物生长的最大限制因子，也是影响环境变异的重要因素；柠条是豆科锦鸡儿属落叶灌木的统称，在盐池县及周边人工种植的柠条主要以中间锦鸡儿（*C. intermedia.*）为主。因其根系发达、吸水能力较强、抗逆性强、具有耐寒耐旱等特点，被广泛种植于干旱区和半干旱区，能防风固沙、拦泥蓄水、减少地表径流，对宁夏中部干旱带的生态恢复起着决定性作用。本节通过对不同种植密度且已成林的柠条进行土壤水分动态监测，探究不同柠条种植密度对土壤的改良状况，探寻最优良的种植模式，为宁夏干旱地区的防风固沙及生态多样性的恢复提供参考。

由于当地柠条均采用人工带状补播的方式，因此研究对象分别选择了一行带状、行距为4m的柠条地（以下简称1行×4m）；一行带状、行距为6m的柠条地（1行×6m）；二行带状柠条、行距为8m（2行×8m）；三行带状柠条、行距为6m（3行×6m）；以及三行带状柠条、行距为10m的柠条苜蓿间种地（3行×10m）。由于播种后经历了多年的自然更新，因此现有林带中单位面积内柠条灌木密度不尽相同，为准确反应单位面积现有存林密度，在各试验样地进行5m×5m样方调查，调查柠条在样方内的株数，进而计算出现有植株密度。植株密度＝株数/25m²。每个样方3次重复，取其平均值，由此得出1行×4m处理的植株密度为0.08株/m²；1行×6m植株密度为0.12株/m²；2行×8m植株密度为0.16株/m²；3行×6m植株密度为0.56株/m²；3行×10m的植株密度为0.76株/m²。上述监测对象均是当地柠条种植出现的可能造林模式及造林密度，其中以3行×6m处理最为常见，本部分对不同密度的柠条进行土壤水分动态分析。

一、柠条林地（0.08株/m²）土壤水分动态变化规律

根据图5-1所示，通过对宁夏干旱风沙区高沙窝一行带状、行距为4m的柠条地（即1行×4m）样方调查得出该地区柠条植株密度为0.08株/m²。对2016—2020年柠条地行带株距间布设TDR土壤水分监测探管，数据表明该地区土壤水分变化主要为升高—降低态势；100~160cm深度土壤水分较为丰富，其中140cm深度含水量最高，0~100cm和160~200cm深度土层水分相对匮乏。分析不同季节土壤水分变化情况，2016年（图5-1A）4—12月数据表明，4—5月土壤含水量较为丰富，120~140cm土层水分最高可达24%，6—7月气候干旱水分严重缺失，但8—12月随降雨增加，0~100cm土壤含水量逐渐增加，且随季节变化水分亏缺和旱化，140cm深度增多。2017年（图5-1B），2018年、2019年、2020年土壤水分随季节变化趋势与2016年基本一致。在0.08株/m²的柠条地行距间土壤变化趋势与株距间变化趋势一致，呈现升高—降低趋势，土壤水分较株距间高。如图5-2所示，行距间的土壤水分主要集中在90~150cm，在120cm土层深度土壤水分最高，而株距间的土壤水分则在140cm处最高，分析其主要原因是柠条根系发达，受植株蒸腾作用影响较大，导致柠条地株距间和行距间土壤水分变化较大。

二、柠条林地（0.12株/m²）① 土壤水分动态变化规律

0.12株/m²的柠条林地选自盐池县佟记圈区域，该地区柠条采用一行带状种

①　括号中密度为实际密度，全书同。

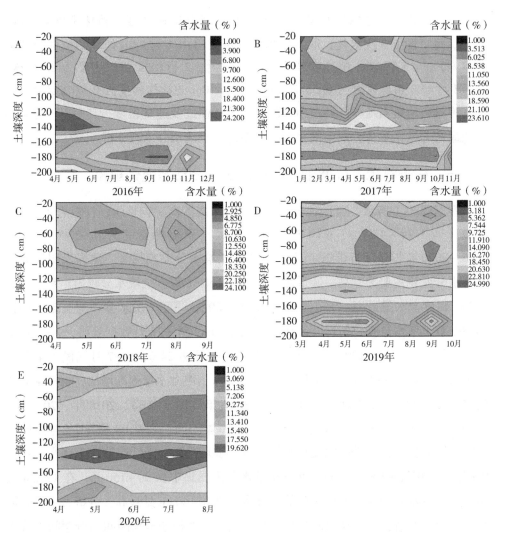

图 5-1　2016—2020 年柠条锦鸡儿 1 行×4m（0.08 株/m²）株距间土壤水分季节变化规律（见书后彩图）

植，行距为 6m，通过对该地区密度为 0.12 株/m² 的柠条地进行株距间和行带间的土壤水分监测发现（图 5-3），该密度柠条地的株距间在 0~200cm 土层分布较为均匀，土壤含水量在 10% 左右，但在 20~90cm 土层土壤含水量明显高于其余地区，其中以 40cm 和 80cm 深度最高。对 5 年的水分动态分析发现，2016 年与

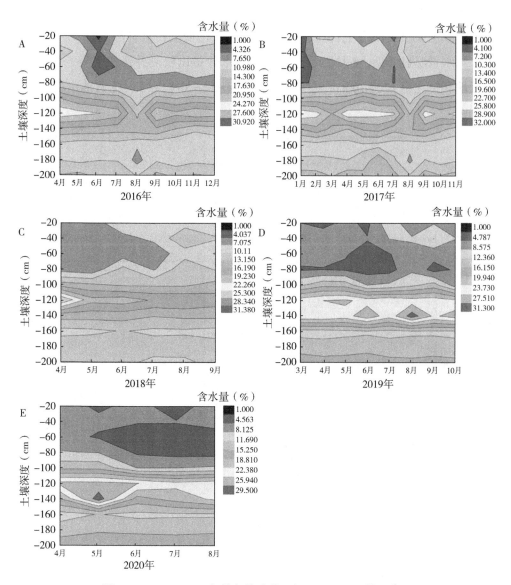

图 5-2 2016—2020 年柠条锦鸡儿 1 行×4m（0.08 株/m²）
行距间土壤水分季节变化规律（见书后彩图）

2017 年、2019 年水分动态变化趋势一致，2018 年和 2020 年土壤含水量低于

2016 年、2017 年和 2019 年。分析不同年份土壤含水量季节性变化规律，2016 年（图 5-3A）对 4—12 月进行监测表明，4—5 月含水量相对丰富，6—7 月水分匮乏，含水量明显降低，8 月随着降雨，土壤水分得以恢复并慢慢下潜，在 9—10 月亏缺和旱化至 120~160cm 土层。2017 年（图 5-3B）对 1—11 月的土壤水分监

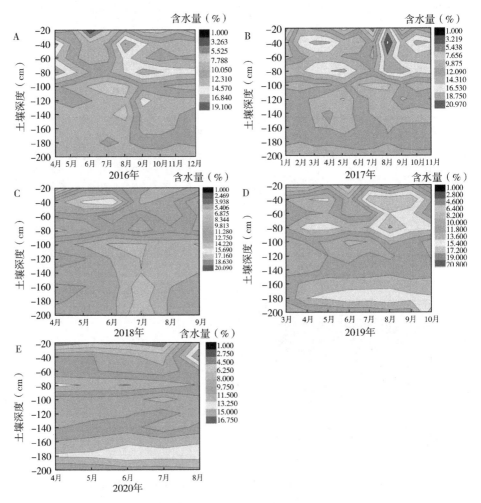

图 5-3 2016—2020 年柠条 1 行×6m （0.12 株/m²）
株距间土壤水分季节变化规律 （见书后彩图）

测发现,2—6月土壤含水量相对丰富,尤其以4月和5月较为明显,7月水分匮乏,8月水分充足,9—11月逐渐亏缺和旱化,0~200cm深度土壤含水量逐渐降低。后续3年土壤动态变化趋势与2016年和2017年一致,但根据热图发现,2018年土壤含水明显低于其余年份,2019—2020年土壤亏缺和旱化至160~200cm处得以储存。

该密度行距间的土壤水分动态分布与株距间存在较大差异,如图5-4所示,

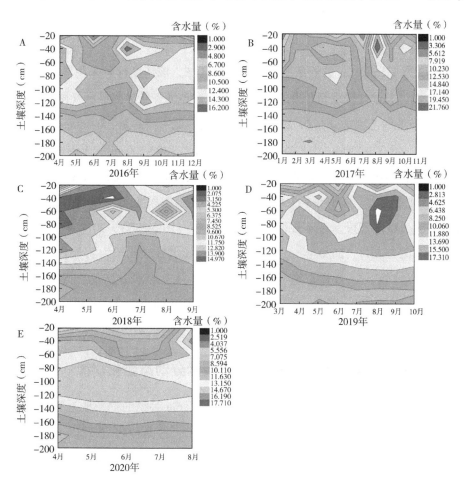

图5-4 2016—2020年柠条1行×6m(0.12株/m²)行距间土壤水分季节变化规律(见书后彩图)

2016—2019 年土壤含水量主要集中在 20~130cm 土层，但 130~200cm 土壤含水较低。2020 年土壤含水量主要集中在 60~140cm 深度，与株距间的土壤含水相比，行带间的土壤水分较为丰富，垂直水分延伸深度较大，分析其主要原因可能是柠条株距间的蒸腾作用对土壤水分的消耗较大，导致株距间的土壤含水量降低，而行距间主要以草本植物为主，蒸腾作用较小，水分主要以光照挥发为主，耗水量明显低于株距间。

三、柠条林地（0.16 株/m²）土壤水分动态变化规律

密度为 0.16 株/m² 的柠条地位于高沙窝区域，该密度柠条采用二行带状种植，行距为 8m，通过在株距间布设的 TDR 土壤水分监测探管数据显示（图 5-5），0.16 株/m² 柠条地的土壤水分在 0~200cm 呈现出高—低—高趋势，0~60cm 土壤含水量相对较高，但 60~130cm 处土壤含水量明显降低，130~200cm 的土壤水分较高。分析不同年份不同季节的水分动态变化规律发现，2016 年（图 5-5A）土壤水分在 4—12 月波动较大，其中 8—11 月的 100~140cm 土层深度土壤水分最为丰富，全年水分在 0~200cm 深度呈现不规律变化。2017 年（图 5-5B）、2018 年（图 5-5C）、2019 年（图 5-5D）、2020 年（图 5-5E）的土壤水分变化较为明显，1—4 月土壤含水量较为丰富，5—6 月呈现下降趋势，7—9 月土壤水分恢复。行距间（图 5-6）变化趋势与株距间基本一致。但图中显示，行距间土壤含水与株距间相比较少，分析其主要原因在于柠条行距较大，导致大量水分的蒸发。

四、柠条林地（0.56 株/m²）土壤水分动态变化规律

选择高沙窝柠条退耕还林地三行带状、间距 6m 种植的柠条地为研究对象，根据样方调查表明，该地区柠条密度为 0.56 株/m²，柠条种植 10 年以上，该地区柠条生长茂盛，且行距间植被丰富，为干旱地区典型的退耕还林地。通过对 0.56 株/m² 的柠条株距间和行距间的水分动态监测表明，2016—2020 年（图 5-7）该地区土壤水分主要在 100~160cm 土层，但各季节变化规律存在差异，随时间

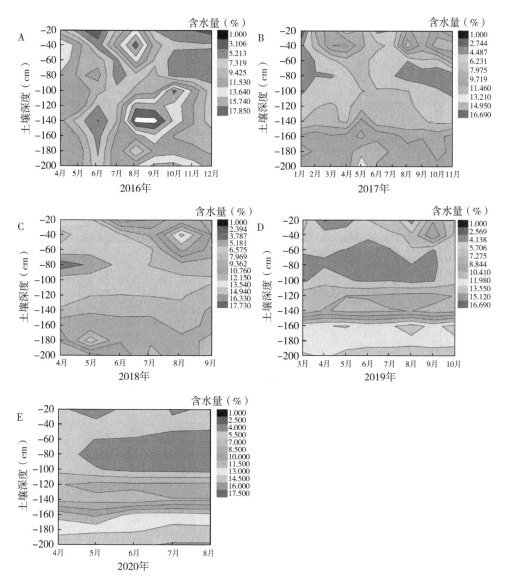

图 5-5　2016—2020 年柠条 2 行×8m（0.16 株/m²）

株距间土壤水分季节变化规律（见书后彩图）

的变化，土壤水分下移，0~100cm 土层严重缺水，其中 2017 年、2019 年、2020 年

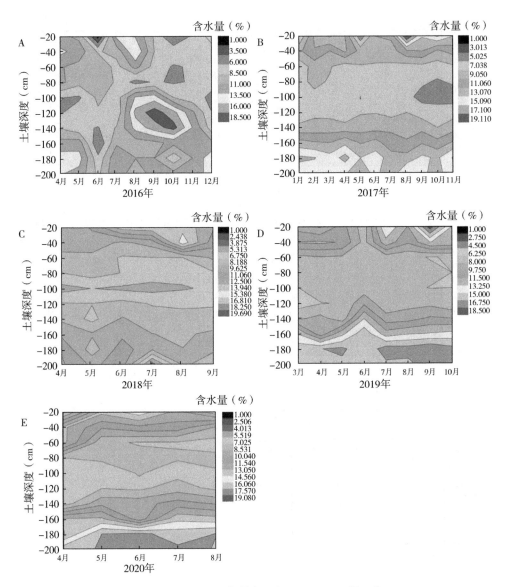

图 5-6　2016—2020 年柠条 2 行×8m（0.16 株/m²）

行距间土壤水分季节变化规律（见书后彩图）

趋势最为明显，随着雨季补充后水分继续亏缺和旱化，在 200cm 土层深度下水分得以储存。根据行带间的土壤水分动态变化（图5-8），行距间土壤水分波动较小，与株距间相比，土层含水量较为丰富，且2017年（图5-8B）和2018年（图5-8C）水分动态变化明显地反映了该地区的土层结构和水分变化趋势。

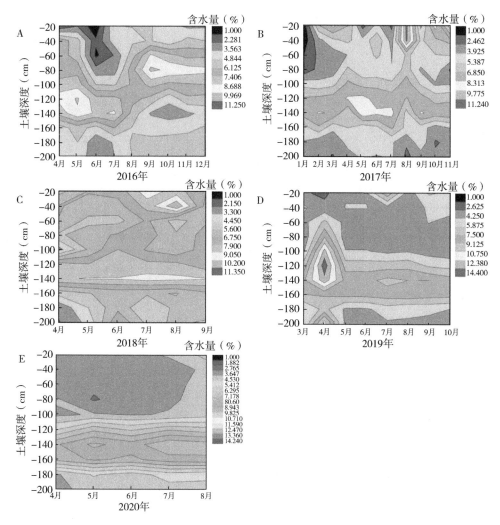

图5-7　2016—2020年柠条3行×6m（0.56株/m²）
株距间土壤水分季节变化规律（见书后彩图）

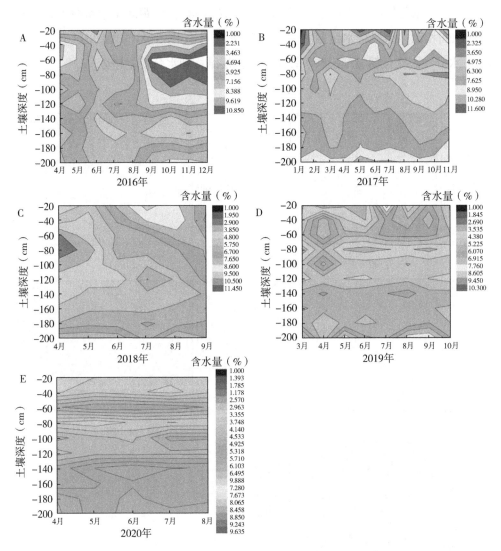

图 5-8　2016—2020 年柠条 3 行×6m（0.56 株/m²）

行距间土壤水分季节变化规律（见书后彩图）

五、柠条林地（0.76 株/m²）土壤水分动态变化规律

宁夏干旱风沙区同时也存在二行带状种植、行距 10 米的柠条地，柠条密度 0.76 株/m²，该地区柠条行距间间作苜蓿，地处宁夏盐池县高沙窝区域。柠条林地土壤水分监测数据显示，该密度柠条株距间含水量较为丰富，土壤水分动态变化各年份差异较大。株距间的土壤水分主要集中在 0~120cm 深度，其中 2016 年（图 5-9A）水分动态变化最为明显，且分布不稳定，土壤无蓄水能力，水分亏缺和旱化较为严重，降雨后补充的雨水随着季节不断亏缺和旱化。由 4—12 月的数据可知，4—6 月水分逐渐亏缺和旱化，导致 6 月 0~90cm 的土壤严重缺水，随着 8 月的降雨，水分得以补充，但在 8—12 月水分亏缺和旱化至底层，土壤保水性较。2017 年（图 5-9B）土壤水分则是 0~110cm 土层较高，而 120~200cm 深度水分较低，且 2018 年、2019 年、2020 年变化趋势与 2017 年一致。2019 年和 2020 年的土壤水分在 50~90cm 深度明显增高，根据颜色深度表明，2019 年和 2020 年土壤水分在 50~90cm 深度明显高于前三年。图 5-10 则表明了柠条行距间的土壤动态分布，根据变化趋势可知，行距间的土壤水分变化趋势与株距间的变化趋势相似。由此说明，柠条在防风蓄水过程中的重要性，柠条株距间蓄水能力和生态修复能力较为明显。

六、柠条混交林土壤水分动态变化规律

宁夏中部干旱带柠条种植大多具有规范性，种植模式较为统一，主要以带状种植，但近年来，宁夏大墩梁区域有柠条散种模式，按一定距离随机种植柠条，间隔较小，不具有成带的生长趋势，而是呈现出成片生长。同时在植株间种植其余干旱作物，例如沙蒿、沙柳等，形成以柠条为主的混交林，这类种植模式可能对防风固沙和土壤改良具有更好的作用，为此本研究在监测成林柠条地的同时，也对该地区零星种植且种植林龄较短的柠条进行了土壤水分监测。根据 5 年土壤动态分析表明，该地区（图 5-11）土壤在 0~200cm 水分逐渐升高，且在 120~

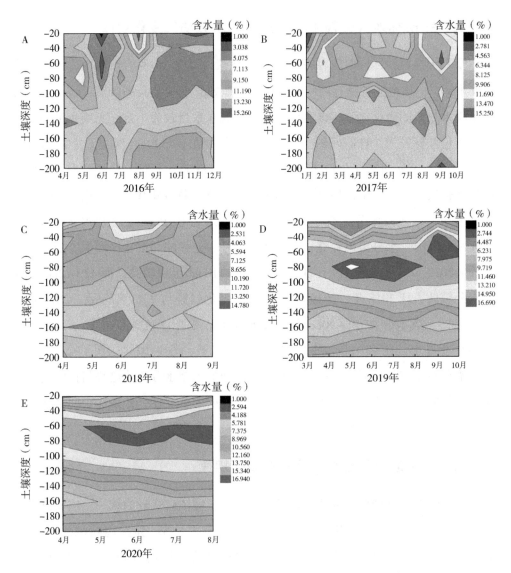

图 5-9 2016—2020 年柠条苜蓿地 2 行×10m（0.76 株/m²）
株距间土壤水分季节变化规律（见书后彩图）

200cm 深度水分较为集中。根据各年的数据显示，2016 年（图 5-11A）4—6 月水分较为丰富，7—9 月则明显降低，尤其以 0～100cm 深度最为明显。2017 年

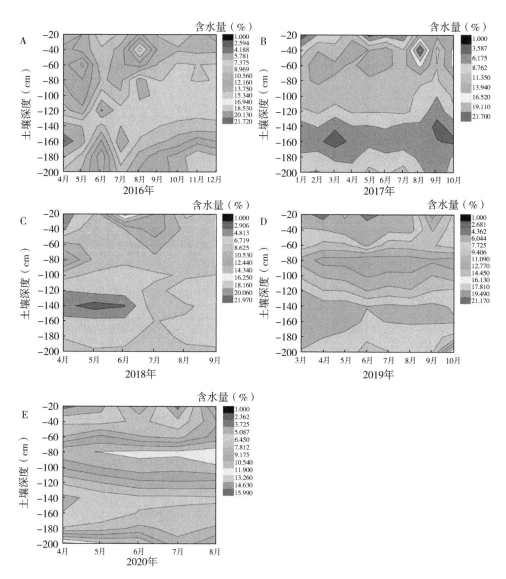

图5-10　2016—2020年柠条苜蓿地2行×10m（0.76株/m²）行距间土壤水分季节变化规律（见书后彩图）

（图5-11B）变化趋势与2016年一致，但2017年数据监测了1—11月的土壤水分变化，进一步补充了 2016 年的不足，根据动态图可知，该密度柠条 2017 年 1—6 月水分较为丰富，7—9 月明显降低，变化趋势与 2016 年一致。2018 年（图 5-11C）土壤水分明显低于其余年份，可能与当年降水量少有关。2019 年

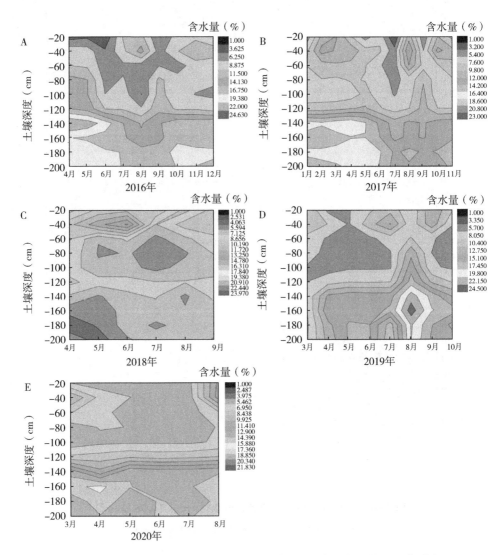

图 5-11　2016—2020 年大墩梁柠条株距间土壤水分季节变化规律（见书后彩图）

（图 5-11D）土壤水分得以恢复，且变化趋势与 2016 年和 2017 年基本一致，并能明显看出 2019 年 7—9 月的降雨季补充了土壤水分。2020 年（图 5-11E）的土壤水分变化趋势与其他年份基本一致，这一数据的监测为宁夏中部干旱带新种植柠条地的土壤水分动态变化提供了有效参考。

第二节　宁夏干旱风沙区杨柴林地土壤水分动态变化规律

一、杨柴林地（1.4 株/m²）土壤水分动态变化规律

杨柴为多年生落叶半灌木，幼茎绿色，老茎灰白色，树皮条状纵裂，茎多分枝。叶互生，阔线状，披针形或线椭圆形，小叶柄极短。具有耐寒、耐旱、耐贫瘠、抗风沙的特点，适应沙质荒漠和半荒漠地区，可在干旱瘠薄的半固定、固定沙地上生长。根萌蘖力极强，生长快，防风固沙效果显著，同时杨柴具有丰富的根瘤，利于改良沙地，并提高沙地的肥力，可以起到保持水土的作用。因而杨柴也是防风固沙、保持水土、改良土壤、增加植被的先锋植物。

本研究选择宁夏风沙区高沙窝区域密度分别为 1.4 株/m² 和 4.72 株/m² 的杨柴林地，对其进行持续 5 年的土壤水分动态监测，研究杨柴林地的土壤水分分布情况。根据图 5-12 表明，密度为 1.4 株/m² 的杨柴林地，土壤水分随土壤深度加深而增加，在 0~120cm 深度土壤水分较少，而 120~200cm 深度土壤水分明显增高，杨柴林地土壤上层不具备蓄水能力，土壤水分易亏缺和旱化至 120~200cm。根据不同季节的土壤水分变化趋势可知，2016 年（图 5-12A）4 月降雨丰富，土壤含水量增加，且随着时间的推移，土壤水分明显亏缺和旱化，至 6 月时地表水分明显匮乏，而土层深处土壤水分无明显变化，7—8 月地表水分得以补充，但随着时间推移明显减少。2017 年（图 5-12B）、2018 年（图 5-12C）、2019 年（图 5-12D）、2020 年（图 5-12C）也呈现出土壤水分随着时间推移出现亏缺和旱化情况，由此说明该杨柴林地土壤蓄水主要集中在 120~200cm 深度，而上层

土壤水分较少。同时根据不同年份的动态分析表明，2016 年降雨丰富季节主要为 4 月和 8 月，2017 年主要为 4 月和 8—10 月，2018 年主要集中在 7 月，2019年主要集中在 3 月、7 月、9 月，2020 年集中在 4 月、6 月、8 月。

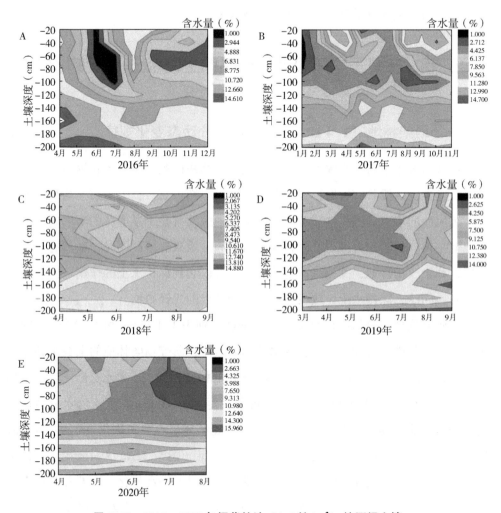

图 5-12　2016—2020 年杨柴林地（1.4 株/m²）株距间土壤

水分季节变化规律（见书后彩图）

二、杨柴林地（4.72株/m²）土壤水分动态变化规律

密度为4.72株/m²的杨柴林地土壤含水量较低，根据图5-13显示，该密度杨柴林地在0~200cm土壤深度水分呈现出上高下低趋势，0~100cm土层含水量

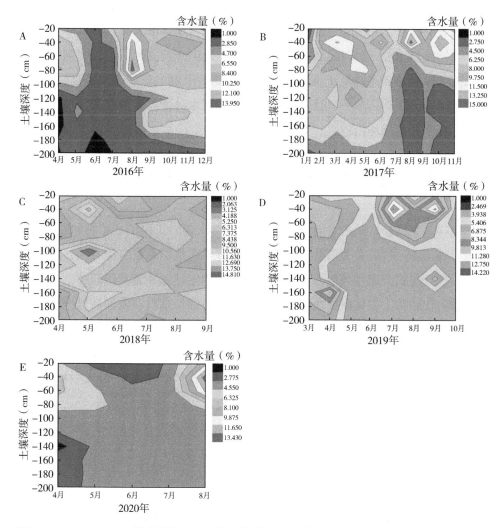

图5-13　2016—2020年杨柴林地（4.72株/m²）株距间土壤水分季节变化规律（见书后彩图）

较丰富，而 100~200cm 土层深度含水量较少。与 1.4 株/m² 相比，该地区土壤水分变化存在较大差异，密度较大的杨柴林地在蒸腾力作用下，使该地区土壤含水较低，且土壤下层蓄水能力较差。由图 5-13A、图 5-13B、图 5-13E 可知，2016 年、2017 年、2020 年土壤水分明显匮乏，土壤水分亏缺和旱化较为严重，土壤蓄水能力较差。以 2016 年为例，8 月降雨对杨柴林进行水分补充后，随着季节变化，从 8—12 月，土壤水分逐层亏缺和旱化，未出现蓄水土层。2016 年水分亏缺和旱化持续至 2017 年 6 月，6—7 月土壤下层为水分较高区域，由此判断，密度为 4.72 株/m² 的杨柴林地土壤不具备蓄水功能，土壤水分亏缺和旱化较为严重，说明该地区土层结构单一，且高密度杨柴林地对水分消耗较为严重，使得该地区的天然降水受蒸腾作用较大，土壤保留水分较少。

第三节　宁夏干旱风沙区花棒林地土壤水分动态变化规律

花棒又名细枝岩黄耆、花子柴、花大姐、花柴、花秧子、花帽和牛尾梢等，为豆科蝶形花亚科岩黄耆属落叶大灌木，花棒具有抗旱、耐寒等特性，属于喜光植物，适合生长于流沙环境，可在荒漠化的半固定沙地和流动沙丘中生长，为沙漠植被的优势种。根据研究表明，花棒分支能力强，茎被沙掩埋后可分枝生长且生长迅速，生命力极强，离体枝条或裸露根系易萌生新芽，花棒植株周围可产生新的无性繁殖体，被沙埋的连体枝条可发新芽和不定根形成游击型克隆生长，根条易发新芽及不定根形成密集型克隆生长，因此花棒常被用于固沙造林，是防风固沙最佳灌木树种之一。

本次试验选择了沙泉湾和大墩梁区域的密度分别为 0.2 株/m²、0.28 株/m²、2.12 株/m² 的花棒进行研究，通过检测不同密度花棒林地的土壤水分动态变化，探究花棒在防风固沙以及水土保持中的作用。

一、花棒林地（0.2 株/m²）土壤水分动态变化规律

大墩梁区域花棒密度为 0.2 株/m²，在 0~200cm 的土壤水分动态变化如图

5-14 所示,该密度花棒林地土壤水分主要呈现出浅高深低趋势,0.2 株/m² 的花棒林地在 0~80cm 土层深度含水量明显较高,其中以 40~60cm 深度最为明显,而 80~200cm 土层深度水分明显减少。从 2016—2020 年监测数据表明,土壤水分动态变化在不同年份存在差异,2016 年(图 5-14A)4—5 月雨量充沛且水分亏缺和旱化较为明显,8 月和 10 月该地区雨量也得以补充,但受植被蒸腾作用和光强影响,水分亏缺和旱化缓慢。2017 年 8—10 月,水分逐渐亏缺和旱化至底部;2018—2020 年水分变化趋势基本一致。通过对 5 年的水分动态变化整体分析表明,0.2 株/m² 花棒林地土壤水分主要集中在 0~80cm 土层。

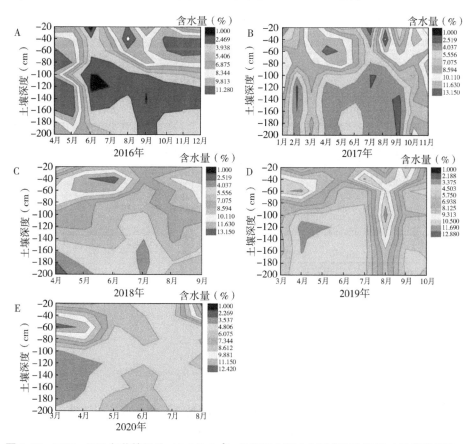

图 5-14 2016—2020 年花棒林地(0.2 株/m²)株距间土壤水分季节变化规律(见书后彩图)

二、花棒林地（0.28 株/m²）土壤水分动态变化规律

由图 5-15 所示，沙泉湾区域 0.28 株/m² 花棒林地土壤水分主要集中在 120~200cm 土层深度，其中 160cm 深度水分最高。2016—2020 年（图 5-15）不同年份不同季节的土壤水分也会亏缺和旱化至 120~200cm 土层，水分亏缺和旱化趋势明显；但 0~120cm 深度水分较少，推测其主要原因在于密度较大的花棒导致

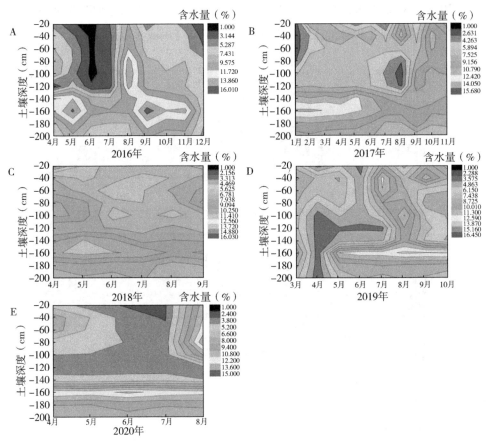

图 5-15　2016—2020 年花棒林地（0.28 株/m²）

株距间土壤水分季节变化规律（见书后彩图）

了上层水分大量挥发，尤其以 2016 年的 5—7 月、2019 年的 3—5 月、2020 年的 6—7 月最为严重，0~120cm 土层水分明显不足。

三、花棒林地（2.12 株/m²）土壤水分动态变化规律

本试验选择了沙泉湾密度为 2.12 株/m² 的花棒作为研究对象，与 0.28 株/m² 的花棒林地相比，该林地花棒的土壤动态变化存在较大差异，0~200cm 土层水分明显匮乏，由图 5-16 所知，2016 年（图 5-16A）土壤水分在 5—7 月明显匮乏，8

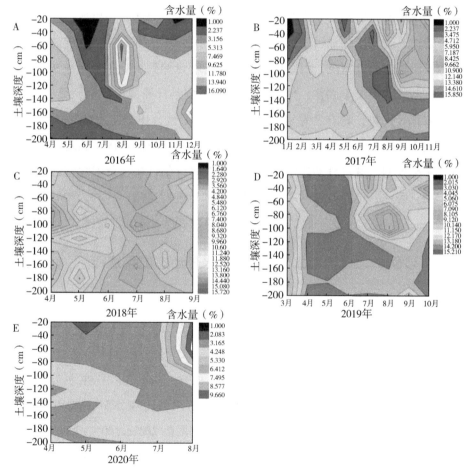

图 5-16 2016—2020 年花棒林地（2.12 株/m²）株距间土壤水分季节变化规律（见书后彩图）

月虽有雨量补充，但该地区土壤含水量仅在3%~5%，且随着时间推移，9—10月水分逐渐亏缺和旱化。2017年土壤水分在1—6月基本保持稳定；2018年较稳定，但2019年、2020年的4—7月严重匮乏。由此可知，2.12株/m²的花棒林地土壤含水效果较差，基本无蓄水能力，说明该密度花棒不利于宁夏中部干旱带的土壤蓄水。

第四节　宁夏干旱风沙区沙柳林地土壤水分动态变化规律

沙柳属杨柳科柳属多年生灌木，具有抗逆性强、耐寒、种植成活率高、适应性强等特性，是荒漠化地区防风固沙的主力树种，也是防护林的首选树种之一。沙柳生长迅速、枝叶繁茂、根系庞大，最远能够延伸到100多米，一株沙柳就可将周围流动的沙漠牢牢固住，繁殖能力较强，枝条扦插即可成活，具有抗风沙、抗人为破坏等优势，具有"平茬复壮"的生物习性，也是宁夏中部干旱带人工造林的主要灌木树种，具有较大的生态意义和经济价值。本次试验对宁夏中部干旱带沙柳林地的土壤水分动态进行监测，以此来评估沙柳在荒漠化地区对生态修复的作用，因此，选择沙柳的两种典型种植林地进行监测，一种为带状种植，株距间距1m，行距3m；另一种为成片种植，株行距为1m的种植模式。

一、沙柳林地（0.4株/m²）土壤水分动态变化规律

宁夏中部干旱带带状种植的沙柳林地以成林规模较大、株间距1m、行距3m的居多，该种植模式的沙柳密度为0.4株/m²。根据图5-17所知，该密度沙柳株距间的土壤水分主要在70~140cm土层较高，水分会亏缺和旱化至200cm处储存，因此140~200cm土层水分也逐渐升高，而0~70cm土层深度水分匮乏。根据5年的监测结果证实，该密度沙柳林地株距间的土壤水分主要集中于70~140cm，100cm土层深度最高；水分会亏缺和旱化至200cm，0~200cm土层保水良好，但不同季节受降雨和日照影响较大。图5-17A可知，2016年的4月和8月土壤水分动态变化波动较大；2017年（图5-17B）的8—9月波动较大；2018

年（图 5-17C）各季节无较大变化；2019 年（图 5-17D）水分明显匮乏，70～140cm 深度在 3—7 月水分持续降低，0～70cm 在 3—7 月则明显匮乏，8—9 月降雨后土壤水分才得以恢复；2020 年（图 5-17E）土层水分较为稳定，但 6—8 月的夏季土壤水分有减少趋势，这与光照和植被蒸腾作用有关。

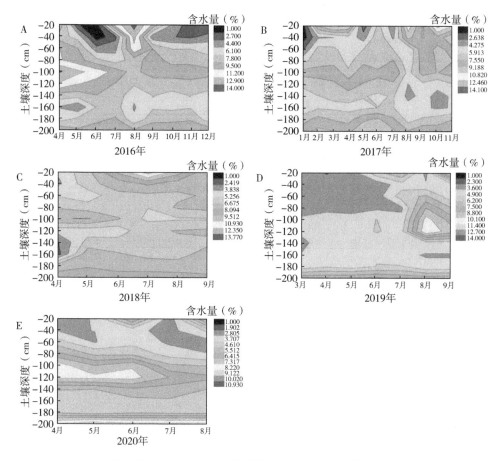

图 5-17　2016—2020 年沙柳林地 1m×3m（0.4 株／m²）
株距间土壤水分季节变化规律（见书后彩图）

通过对该密度沙柳行距间进行水分动态分析表明，行距间的土壤水分动态与株距间变化趋势一致，但从整体而已，株距间的土壤水分高于行距间。

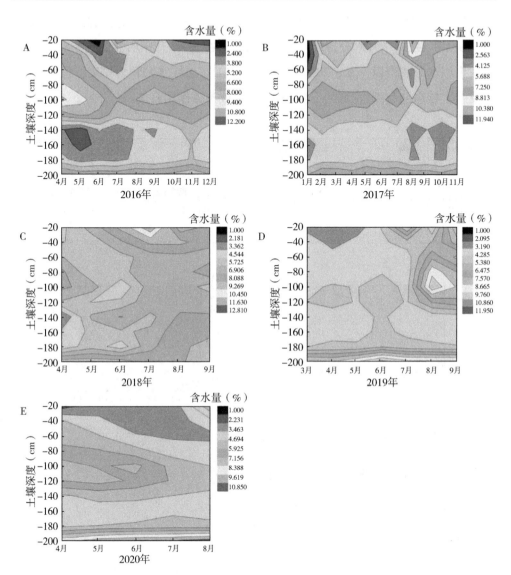

图 5-18　2016—2020 年沙柳林地 1m×3m（0.4 株/m²）

行距间土壤水分季节变化规律（见书后彩图）

二、沙柳林地（1.48 株/m²）土壤水分动态变化规律

株行距为 1m×1m 的沙柳密度为 1.48 株/m²，水分动态监测表明，该地区的土壤水分在 0~200cm 土层的变化趋势与 0.4 株/m² 密度的沙柳林地趋势一致，由图 5-19 可知，1.48 株/m² 的沙柳土壤水分主要集中在 80~120cm 土层，100cm 深

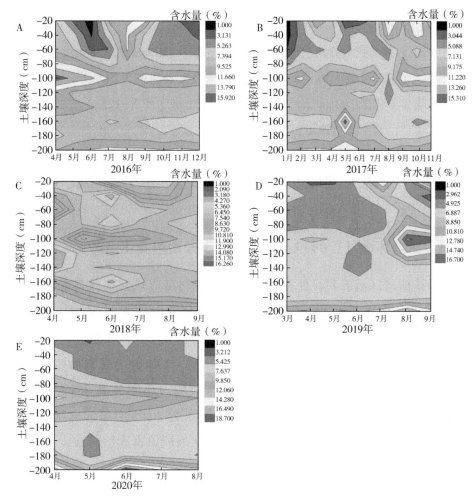

图 5-19　2016—2020 年沙柳林地 1m×1m（1.48 株/m²）株距间土壤水分季节变化规律（见书后彩图）

度含水量最高，120~200cm 水分相对充裕。不同年份存在差异，2016 年（图 5-19A）5—7 月土壤水分逐渐减少，6 月最为明显，8 月降雨后及时补充，10 月之后土壤水分逐渐减少；而 2017 年（图 5-19B）1—2 月水分匮乏，3 月降雨补充后一直持续至 8 月。由图 5-19B 可以明显看出，3 月降雨后水分亏缺和旱化，到 5 月时亏缺和旱化至 160cm 处，随后 6—8 月下层土壤水分逐渐减少；8 月降雨后逐渐恢复。2018 年（图 5-19C）土壤水分变化波动较小，但 2018 年土壤水分明显缺失；2019 年土壤水分缺失更为严重，该地区 0~100cm 的土壤水分从 3—6 月明显匮乏，其中 6 月最为明显，7 月降雨后该密度沙柳的土壤水分才得以恢复，并逐渐亏缺和旱化至 100cm 土层深度储存；2020 年（图 5-19E）土层水分变化波动幅度较小，基本维持稳定。

第五节　宁夏干旱风沙区沙蒿林地土壤水分动态变化规律

一、沙蒿林地（1.04 株/m²）土壤水分动态变化规律

选择高沙窝区域的封育沙蒿林地作为检测对象，研究沙蒿林地的土壤水分动态变化，通过生物多样性分析，该沙蒿林地密度为 1.04 株/m²。由图 5-20 可知，通过 2016—2020 年的土壤水分监测表明，该密度沙蒿林地的土壤水分随土层深度增加呈现递增关系，在 140~200cm 土层深度水分较高，土壤含水量大于 16%。根据不同年份的数据表明，2016 年和 2017 年的土层含水量基本一致，而 2018 年减少，2019 年和 2020 年土壤含水明显增高，200cm 土层深度的土壤含水量高达 38%，由此判断该密度沙蒿在土壤蓄水中的重要性。

二、沙蒿林地（5.68 株/m²）土壤水分动态变化规律

本试验选择了大墩梁区域密度较大的沙蒿林地监测土壤水分变化，根据数据

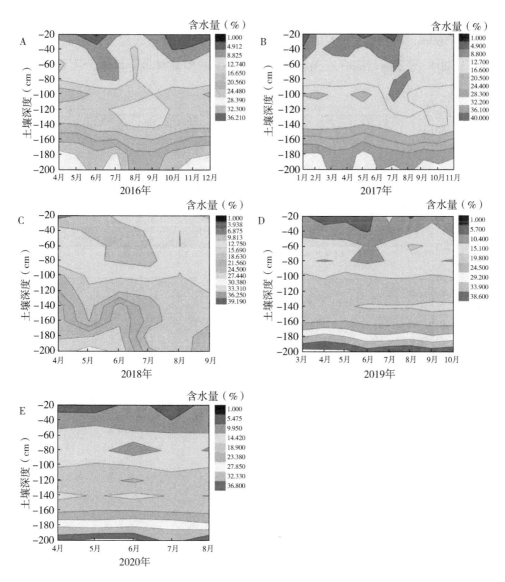

图5-20　2016—2020年沙蒿林地（1.04株/m²）株距间土壤
水分季节变化规律（见书后彩图）

统计，该地区沙蒿密度为5.68株/m²，密度明显高于高沙窝区域沙蒿，同时土壤水分动态变化趋势也发生较大变化。根据图 5-21 所示，该密度沙蒿的土壤水分在 80~160cm 深度较高，从 0~200cm 呈现出先升高后降低趋势，与 1.04 株/m² （图 5-20）的逐渐增高存在差异。5.68 株/m²的沙蒿林地土壤水分主要集中在

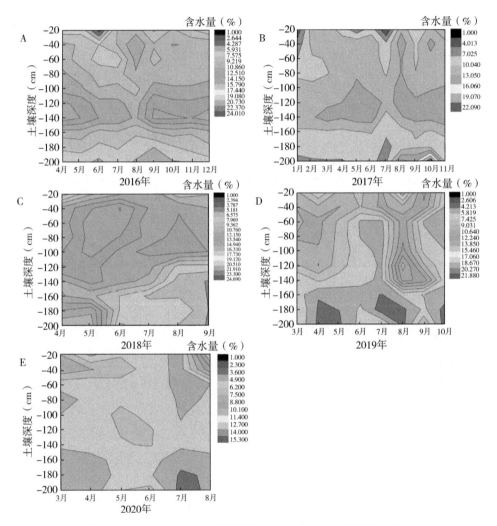

图 5-21　2016—2020 年沙蒿林地（5.68 株/m²）株距间土壤
水分季节变化规律（见书后彩图）

上层，160~200cm 深度土壤水分匮乏，由此判断沙蒿密度较大，蒸腾作用较强，水分挥发较为严重，水分未亏缺和旱化至底层储存。通过对不同年份分析发现，2016 年的 6—7 月该密度沙蒿林地缺水严重，2017 年在 7 月缺水严重；2018 年较为稳定；2019 年的 6—7 月显著缺水；2020 年在 7 月缺水严重。

第六节　宁夏干旱风沙区流动沙地沙打旺柠条混播群落土壤水分动态变化规律

沙打旺又名直立黄耆，适应性较强，根系发达，生长迅速，能吸收土壤深层水分，固定流沙，具有抗盐、抗旱的作用，因此在宁夏荒漠化地区有少量种植。2015 年，在对盐池县城北大墩梁流动沙丘草方格固沙治理的同时，混播种植了沙打旺和灌木柠条。2016 年起对土壤水分植被动态演替等进行了定位监测。

监测结果可知，从植被群落结构来看，在监测前 3 年，即 2016—2018 年群落结构主要以沙打旺为主，随着灌木柠条林龄逐渐增大，逐步演化为以柠条为建群种的灌木林地。本节对大墩梁区域以沙打旺为主的高密度灌木混交林进行土壤水分动态监测，可以说本试验是对流动沙丘从草方格治沙到人工补播灌草到以柠条为主的灌木林的逐步演替。由图 5-22 所示，0~200cm 的土层，在 0~60cm 深度土壤水分较高，而 60~200cm 土层深度水分明显减少，沙打旺林地整体呈现缺水，2016 年（图 5-22A）的 6—7 月土壤缺水严重，2017 年（图 5-22B）、2018 年（图 5-22C）以及 2020 年（图 5-22E）的 7 月土壤明显缺水。该地区虽有降雨的水分补充，但土壤无蓄水能力，土壤水分随着时间的推移，植被逐步得到很好的改善，但土壤含水量亏缺严重。

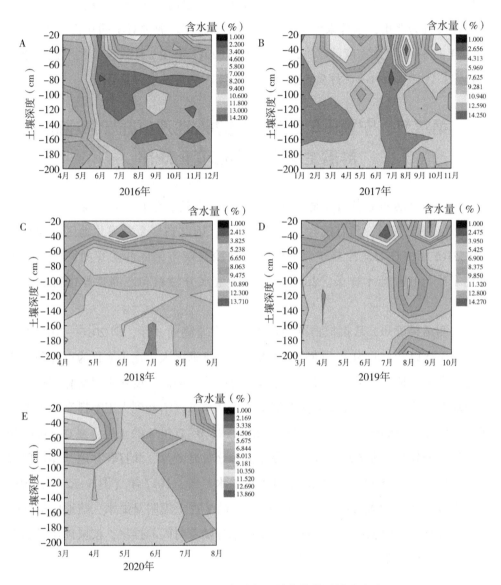

图 5-22 2016—2020 年沙打旺柠条林草混播流沙地
株距间土壤水分季节变化规律（见书后彩图）

第六章　宁夏干旱风沙区主要人工乔木种土壤水分动态监测与评价

第一节　宁夏干旱风沙区樟子松林地土壤水分动态变化规律

樟子松为松科松属，常绿乔木，喜光性强，属于阳性、深根性树种，能适应土壤水分较少的山脊及向阳山坡，以及较干旱的砂地及石砾砂土地区，具有耐寒性强、抗病虫害强、寿命长等特点。它是主要的防风固沙乔木树种，广泛种植于干旱地区。本次试验为了研究乔木对土壤水分的影响，选择了宁夏中部干旱带的高沙窝、大墩梁、二道湖、佟记圈等区域不同密度、不同种植类型的樟子松进行研究，以此分析不同密度的樟子松林地土壤水分动态变化，为樟子松造林提供参考，也为樟子松对宁夏中部干旱带土壤修复的作用提供依据。

一、樟子松林地（0.08 株/m²）土壤水分动态变化规律

佟记圈樟子松以株距 3m、行距 5m 的种植模式进行，根据生物多样性分析表明，该种植模式的樟子松密度为 0.08 株/m²。本次试验选择在株距和行距之间布设 200cm 的 TDR 土壤水分监测探管监测该种植模式的樟子松林地土壤水分动态变化，根据 5 年来对株距之间的土壤水分动态统计数据显示（图 6-1），该种植模式的樟子松林地蓄水能力较差，根据 2016 年（图 6-1A）、2017 年（图 6-1B）、2018 年

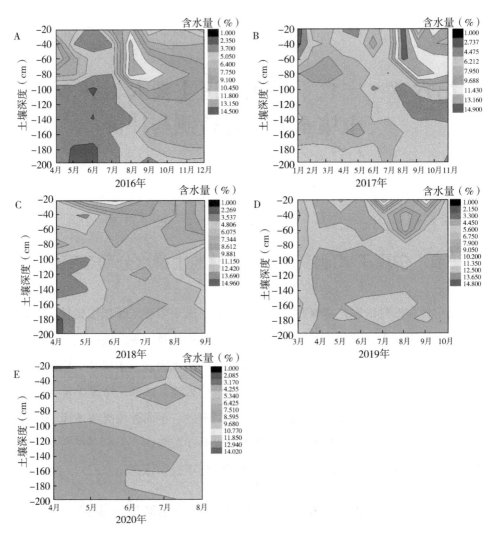

图 6-1 2016—2020 年樟子松林地 3m×5m (0.08 株/m²)
株距间土壤水分季节变化规律 (见书后彩图)

(图 6-1C) 水分动态变化表明，土壤水分亏缺与旱化较为严重，例如 2016 年 8 月
降雨后该地区的水分得以补充，但随着季节变化，9—12 月土壤水分逐渐亏缺和旱
化；2017 年 2—3 月降雨后随着季节变化，到 7 月水分已亏缺和旱化至 160~200cm

深度；2018 年 6 月降雨补充后，水分也逐渐亏缺和旱化。2019 年（图 6-1D）和 2020 年（图 6-1E）呈现出明显缺水现象，尤其以 100~200cm 最为明显。

行距之间的水分动态监测表明（图 6-2），行距间的土壤水分动态与株距间变化趋势基本一致，但行距间的植被蒸腾作用较小，水分亏缺和旱化较为明显

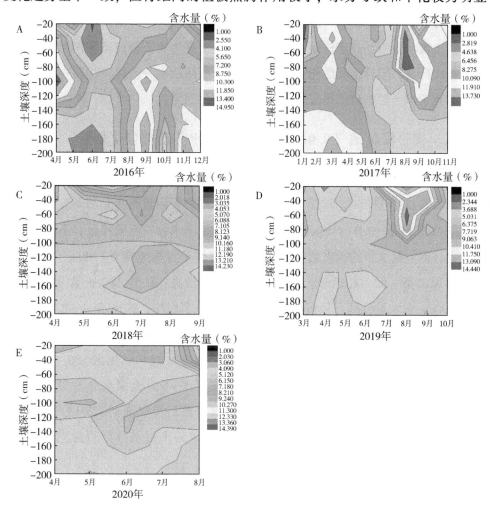

图 6-2　2016—2020 年樟子松林地 3m×5m（0.08 株/m²）
行距间土壤水分季节变化规律（见书后彩图）

（图 6-2A、图 6-2B），土壤水分在 140~200cm 可短时间储存，但随着时间推移，深层土壤水分减少，2018 年（图 6-2C）、2019 年（图 6-2D）、2020 年（图 6-2E）140~200cm 水分明显减少，但与株距间的水分相比较高。

综上所述，该种植模式的樟子松林地土壤在 0~200cm 土层蓄水能力较差，土壤水分亏缺和旱化较为严重，土壤可短期蓄水，需通过降雨及时补充水分。行距间的土壤水分明显高于株距间，分析其原因主要为樟子松的蒸腾作用较大，株距间耗水严重，但行距间的土壤水分可补充株距间的水分消耗，达到一定的动态平衡，利于樟子松林地的生态修复和土壤水分的稳定。

二、樟子松林地（0.04 株/m²）土壤水分动态变化规律

佟记圈区域樟子松主要以株距 4m、行距 10m 的模式种植，该种植模式的樟子松密度为 0.04 株/m²，对该密度樟子松的株距和行距进行水分动态监测，根据图 6-3 数据表明，0.04 株/m² 的樟子松株距间土壤水分在不同年份和不同季节波动较大，但根据 5 年的动态数据看出，该密度樟子松林地在 0~200cm 土层土壤水分呈现出高—低—高趋势，0~100cm 含水量较高，100~180cm 含水量较低，180~200cm 含水量较高。分析不同年份和不同季节发现，2016 年 4—8 月土壤水分在 80~200cm 深度较低，尤其以 6 月和 7 月土壤水分最少，8 月降雨后，9—12 月土壤含水量较为充沛，但水分亏缺和旱化严重，亏缺和旱化至 180~200cm 土层深度，且持续至 2017 年（图 6-3B）。2017 年 1—6 月土壤水分较为充沛，尤其在 160~200cm 深度，但 7 月水分匮乏，8 月降雨后得以恢复。2018 年 4—6 月缺水严重，7—9 月水分稍高；2019 年和 2020 年的土层水分则明显减少，80~140cm 土层深度呈现出明显的缺水现象。

行距间的水分监测如图 6-4 所示，在 0~200cm 土层土壤水分动态变化的趋势基本一致，但不同季节变化存在差异，以 2018 年（图 6-4C）最为明显。行距间的土壤水分在 4 月和 5 月相对丰富，与株距间的土壤水分相反，6 月土壤含水匮乏，7—9 月土壤在 0~100cm 含水量高于 100~200cm。其余年份的土壤水分动

态变化无显著差异。

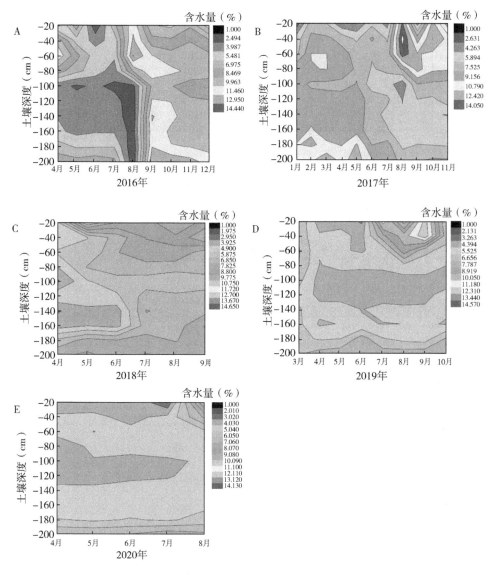

图6-3 2016—2020年樟子松林地4m×10m（0.04株/m²）
株距间土壤水分季节变化规律（见书后彩图）

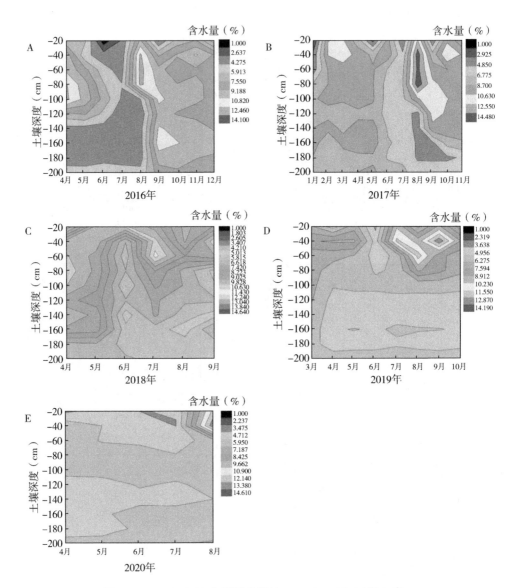

图 6-4 2016—2020 年樟子松林地 4m×10m（0.04 株/m²）

行距间土壤水分季节变化规律（见书后彩图）

三、樟子松林地（0.12 株/m²）土壤水分动态变化规律

对高沙窝区域株距 3m、行距 3m 种植的樟子松林地进行生物多样性分析，该地区在自然死亡等外界因素影响下，樟子松密度为 0.12 株/m²，通过 5 年的土壤水分动态监测（图 6-5），该密度樟子松林地间的土壤水分在 0~120cm 土层较

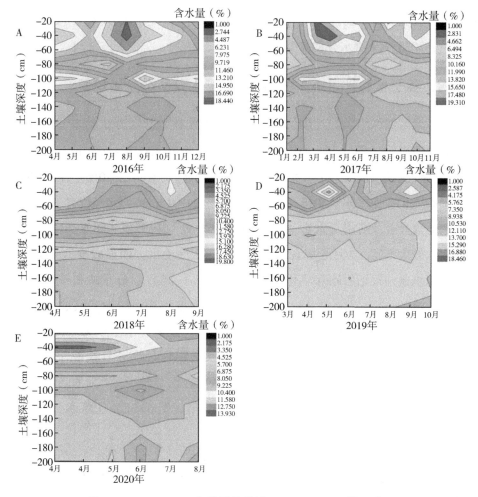

图 6-5　2016—2020 年樟子松林地 3m×3m（0.12 株/m²）

株距间土壤水分季节变化规律（见书后彩图）

高，在 40cm 和 100cm 深度土壤含水量最高，但 120~200cm 土壤含水逐渐减少。分析不同年份的土壤水分动态表明，2016 年（图 6-5A），0.12 株/m² 的樟子松林地，土壤含水量在 4—6 月相对丰富，7 月土壤较少，8 月降雨后得以恢复。2017 年（图 6-5B）的降雨主要集中在 3—4 月，8 月和 10 月次之。2018 年（图 6-5C）则主要集中在 8 月，从全年看，2018 年土壤动态变化较小，这与该年降水量少有较大关系。2019 年（图 6-5D）120~200cm 土壤水分较少，明显小于其余年份；2020 年土壤水分动态变化波动较小。

四、樟子松林地（0.2 株/m²）土壤水分动态变化规律

大墩梁区域株距 3m、行距 3m 种植的樟子松林地密度为 0.2 株/m²，通过水分动态监测表明（图 6-6），0.2 株/m² 的樟子松林地在 0~200cm 土层中，0~60cm 土壤含水量较少，60~130cm 土壤水分较高。2016—2020 年，每年的土壤水分动态变化存在差异，2016 年（图 6-6A）0~60cm 土层水分全年匮乏，60~200cm 土壤含水量则相对丰富，4—7 月最为丰富。2017 年（图 6-6B）1—6 月土壤含水较为丰富，7 月土壤含水全年最低，土壤中水分明显减少，8 月降雨补充后得以恢复并逐渐亏缺和旱化。2018 年（图 6-6C）水分亏缺和旱化不明显，主要在 0~100cm 土层含水量较为丰富，推测为该年降雨较少，植被挥发较大，导致水分亏缺和旱化较少。2019 年（图 6-6D）土壤含水量较为丰富，由图可知，3 月降雨后土壤水分逐渐亏缺和旱化，至 6 月时水分亏缺和旱化至 80~140cm 土层，但 7 月的深层土壤（80~200cm）含水量较少，7 月的降雨补充后，水分逐渐亏缺和旱化至 80~150cm 土层。2020 年（图 6-6E）土壤水分保持相对平稳，但 7 月也出现了土壤缺水现象。

五、樟子松新造林地（0.2 株/m²）土壤水分动态变化规律

哈巴湖保护区二道湖林场株距 3m、行距 3m 的樟子松林地为坡地种植，樟子松密度为 0.2 株/m²，该地区为樟子松新造林地，成林时间较短，该地区土层结

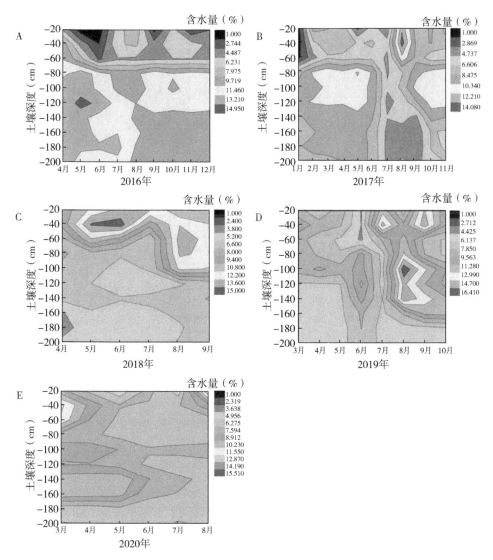

图 6-6　2016—2020 年樟子松林地 3m×3m（0.2 株/m²）
行距间土壤水分季节变化规律（见书后彩图）

实，存在较多钙积层。因地层原因，本次试验在该地区布设 100cm 深的 TDR 土壤水分监测探管，监测 0~100cm 土层深度的土壤水分变化。根据图 6-7 的结果

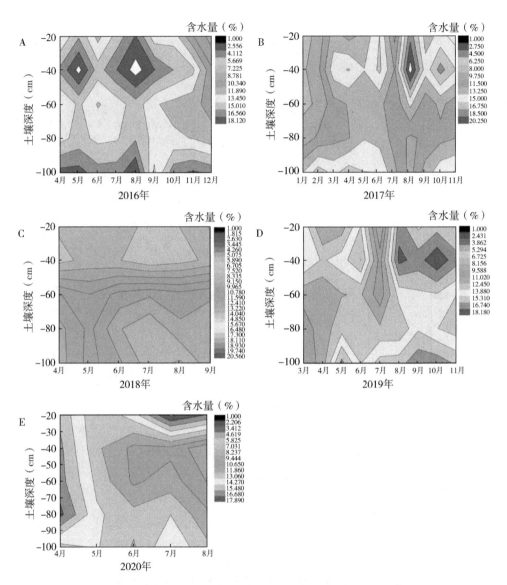

图 6-7　2016—2020 年樟子松新造林地 3m×3m（0.2 株/m²）
行距间土壤水分季节变化规律（见书后彩图）

显示，通过对 2016—2020 年的数据分析，该密度樟子松在 0~100cm 土层土壤水分呈现出高—低—高趋势，0~60cm、90~100cm 土层含水量明显较高，尤其在 40cm 土层，相比而言 60~90cm 含水量较小。图 6-7 中还可看出不同季节的降雨情况，例如 2016 年（图 6-7A）土壤含水较其他年份高，且降雨主要集中在 5 月和 8 月；2017 年（图 6-7B）主要集中在 6 月、8 月和 10 月。2018 年（图 6-7C）土壤含水量明显低于其余年份，该樟子松林降雨主要在 7 月，但水分动态变化较为平稳。2019 年（图 6-7D）主要在 8—11 月，在 40cm 土层具有明显储水。2020 年则是 4 月和 7 月降雨丰富。

第二节　宁夏干旱风沙区新疆杨林地土壤水分动态变化规律

新疆杨是杨柳科杨属植物，落叶乔木，高达 30m，胸径 50cm。主要栽培于中国北方各省区，以新疆为普遍。生长较快，树形挺拔，具有喜光，抗大气干旱，抗风作用，为农田防护林、速生丰产林、防风固沙林和四旁绿化的优良树种。新疆杨作为防风固沙林在宁夏中部干旱带大量种植，本研究选择了宁夏盐池地区的新疆杨作为试验对象，探究新疆杨林地的土壤水分动态变化。该地区新疆杨主要以株距 3m、行距 6m 的模式种植，根据生物多样性分析，该种植模式形成的新疆杨林地密度为 0.08 株/m^2。如图 6-8 所示，通过 5 年的土壤水分动态监测，新疆杨土壤含水量在 0~200cm 土层呈现出上低下高态势，根据 2016 年（图 6-8A）、2017 年（图 6-8B）、2018 年（图 6-8C）、2020 年（图 6-8E）的水分动态变化数据证实，在新疆杨的株距之间，0~180cm 土层深度含水量明显匮乏，180~200cm 土壤含水量较高。

行距之间的土壤水分动态变化（图 6-9）与株距间基本一致，但新疆杨的行距间土壤水分在 0~150cm 相对匮乏，150~200cm 含量较高。与株距间相比，行距间的土壤含水丰富区域明显高于株距间的区域，分析其原因可能是株距间新疆杨的距离明显小于行距，使得株距间因蒸腾作用丢失的水分更多，导致株距间的土壤含水丰富区域低于行距间。

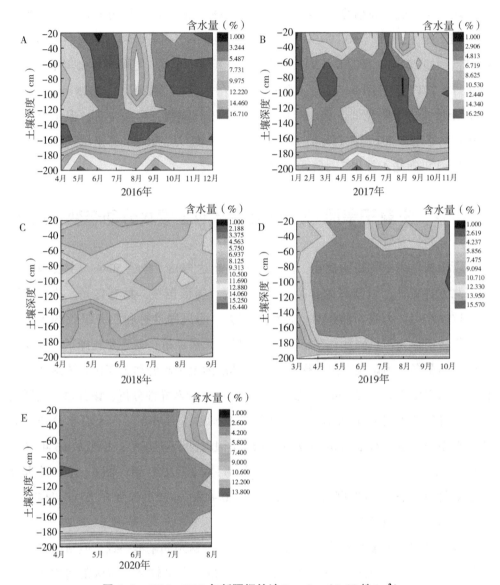

图 6-8　2016—2020 年新疆杨林地 3m×6m（0.08 株/m²）
株距间土壤水分季节变化规律（见书后彩图）

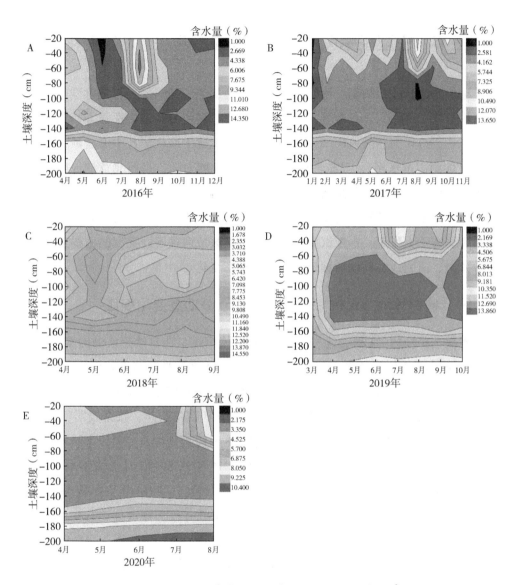

图 6-9　2016—2020 年新疆杨林地 3m×6m（0.08 株/m²）

行距间土壤水分季节变化规律（见书后彩图）

第三节　宁夏干旱风沙区榆树林地土壤水分动态变化规律

榆树是榆科榆属植物，落叶乔木，可高达 2.5m，胸径 1m，是典型的阳性树种，生长快，寿命长。具有喜光、耐旱、耐寒、耐瘠薄、适应性强等特点。榆树根系发达，抗风力、防风固沙保土能力较强。能耐干冷气候及中度盐碱，但不耐水湿（能耐雨季水涝）。具抗污染性，叶面滞尘能力强，是西北荒漠地区、华北及淮北平原、丘陵及东北荒山、沙地及滨海盐碱地的造林或"四旁"绿化树种，具有较大的生态价值和经济价值。宁夏中部干旱带榆树作为主要的防护林对荒漠化治理具有重大作用，本次试验对宁夏佟记圈区域两种不同密度的榆树进行土壤水分监测，研究成林的榆树林地土壤水分动态变化。

一、榆树林地（0.05 株/m²）土壤水分动态变化规律

本次选择榆树为株距 3m、行距 5m 的种植模式，在自然死亡的因素影响下，该地区榆树密度为 0.05 株/m²，5 年的土壤水分动态监测结果如图 6-10 所示，榆树林地株距间土壤含水量较为丰富，土壤蓄水能力较强，在 80~180cm 土层土壤含水量较高，趋势明显，但不同年份不同季节存在差异。数据表明，2016 年（图 6-10A）8—12 月土壤含水量最为丰富，8 月降雨土壤水分得以大量补充，并逐渐亏缺和旱化至 100~200cm 土层，因此 2016 年从 8—12 月土壤蓄水量较高。2017 年（图 6-10B）的 5 月和 8—10 月土壤水分较高；2018 年主要是 4—5 月土壤水分较高；2019 年为 7—9 月土壤水分较高；2020 年土壤水分动态变化较为平缓。同时根据行距间的土壤水分动态监测证实（图 6-11），株距与行距间的土壤水分动态变化趋势一致。根据图 6-10 中数据可知，0.05 株/m² 的榆树林地株距间土壤含水较为丰富，未出现缺水现象，可为后续造林选种提供参考。

二、榆树林地（0.08 株/m²）土壤水分动态变化规律

同样选择佟记圈以株距 3m、行距 5m 的种植模式种植的榆树林作为研究对

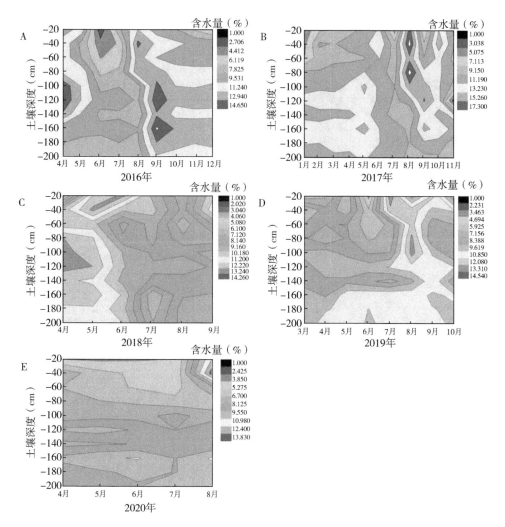

图 6-10　2016—2020 年榆树林地 3m×5m（0.05 株/m²）株距间土壤水分季节变化规律（见书后彩图）

象，在自然死亡的因素影响下，该地区榆树密度为 0.08 株/m²。由图 6-12 可知，该密度榆树的株距间土壤水分动态变化与 0.05 株/m² 的榆树存在较大差异，从 5 年的整体数据分析可知，该密度榆树株距间的土壤水分呈现上高下低态势。

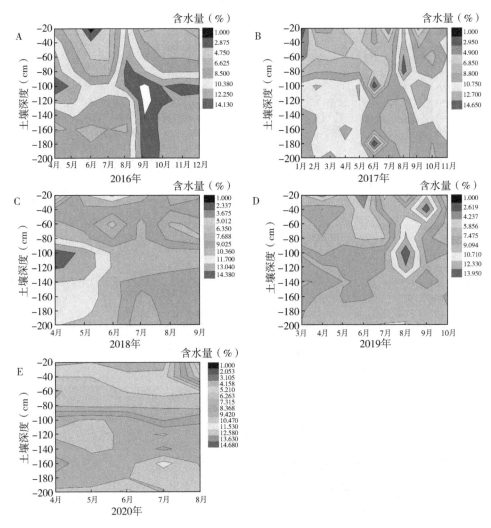

图6-11 2016—2020 年榆树林地 3m×5m（0.05 株/m²）
行距间土壤水分季节变化规律（见书后彩图）

以 2017 年、2018 年、2019 年和 2020 年土壤动态变化为依据，0～150cm 深度土壤含水量相对较高，150～200cm 则相对匮乏。从不同季节分析榆树林的土壤水分变化，2016—2020 年的 4—7 月土壤水分较为匮乏，明显小于其余季节。同时对

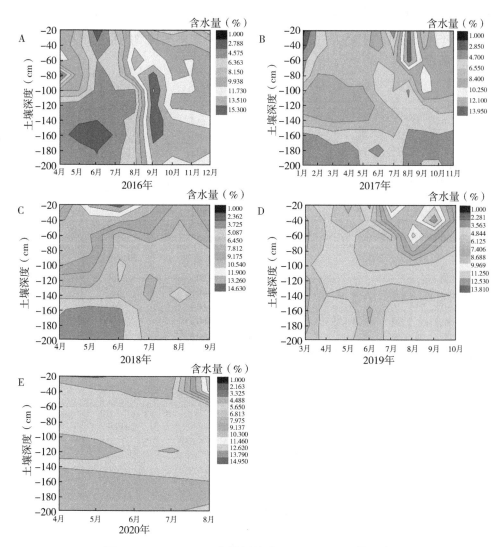

图6-12　2016—2020年榆树林地3m×5m（0.08株/m²）
株距间土壤水分季节变化规律（见书后彩图）

行距间进行水分检测分析发现（图6-13），水分动态变化趋势一致，但行距间土壤水分明显高于株距间。同时与0.05株/m²相比，在同一片地域，密度为

0.08 株/m²的榆树林地土壤含水明显降低，由此说明，合理的榆树生长密度对土壤水分保持具有重大意义，而 0.05 株/m²的生长密度是榆树生长的最佳选择，具有较大参考作用。

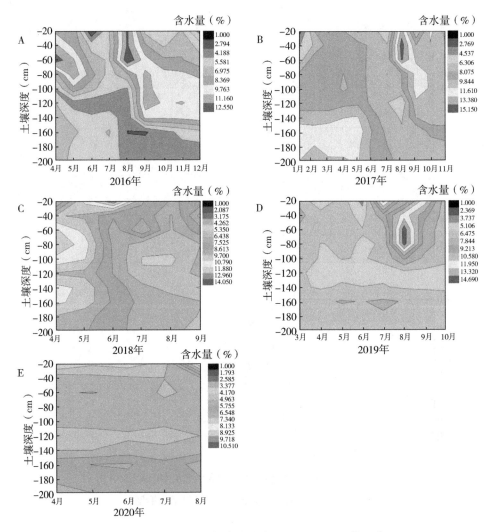

图 6-13　2016—2020 年榆树林地 3m×5m（0.08 株/m²）

行距间土壤水分季节变化规律（见书后彩图）

第四节　宁夏干旱风沙区小叶杨林地土壤水分动态变化规律

小叶杨是杨柳科杨属植物，落叶乔木，喜光树种，耐旱、抗寒、耐瘠薄或弱碱性土壤，适应性强，对气候和土壤要求不严，根系发达，固土抗风能力强。本试验选择了宁夏中部干旱带成林的小叶杨林地进行土壤水分动态监测。

一、小叶杨林地（0.04 株/m²）土壤水分动态变化规律

大水坑区域的小叶杨以株距5m、行距5m的种植模式种植成林，成林后小叶杨密度为 0.04 株/m²，因大水坑区域土壤存在较多钙积层，且土层结构复杂，因此仅布设了100cm TDR 土壤水分监测探管在小叶杨行距间，以此监测小叶杨林地的土壤水分动态变化。通过5年的数据统计分析，从 2016 年、2017 年、2019 年和 2020 年的土壤水分动态分析证实，在 0~100cm 土层，土壤水分呈现上高下低趋势，0~60cm 土层含水量相对较低，60~100cm 土壤含水较高，且差异显著，底层含水量最高可达 25%。根据不同年份分析发现，2016 年的 6—7 月土壤水分匮乏，8 月降雨较为丰富；2017 年则是 3 月和 7 月土壤水分较为匮乏，8 月和 10 月为降雨季，可有效补充土壤水分；2018 年 5—8 月水分匮乏，且全年的土壤含水均较低，在 60~100cm 土层水分明显低于其余年份；2019 年 6 月水分匮乏，7 月和 9 月为小叶杨林地的降雨季，有效补充水分；2020 年的 4—7 月土壤上层 0~60cm 的水分明显降低，处于干旱状态，8 月为降雨季，土壤水分得以补充（图6-14）。

二、小叶杨林地（0.08 株/m²）土壤水分动态变化规律

高沙窝区域的成林小叶杨以株距 4m、行距 10m 的种植模式种植，该林地小叶杨密度为 0.08 株/m²，对株距间进行土壤水分动态监测。如图 6-15 所示，该密度小叶杨林地土壤水分在 0~200cm 土层呈现出先升高后降低趋势，2016—2020 年的数据均证实小叶杨林地株距间的土壤水分在 0~60cm 较低，60~140cm

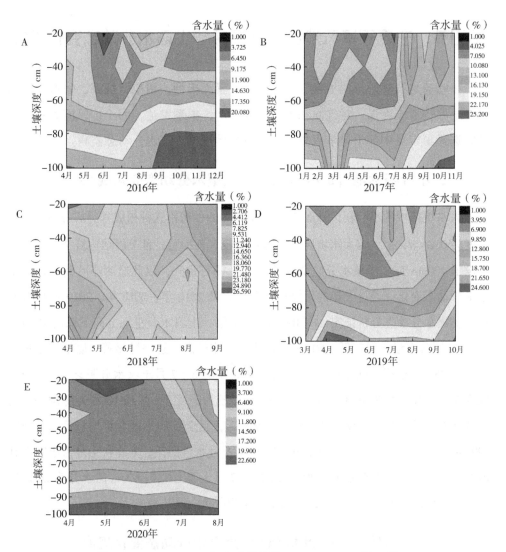

图 6-14　2016—2020 年小叶杨林地 5m×5m（0.04 株/m²）
行距间土壤水分季节变化规律（见书后彩图）

较高，140~200cm 较低，100cm 土层深度土壤水分含量最好，具有明显的蓄水能力。根据不同年份的土壤水分动态变化可知，2016 年降雨主要集中在 8 月、2017

年集中在2—3月和8月，2018年集中在7月，2019年集中在7—8月。同时对行距间的土壤水分进行监测，图6-16数据表明，行距间的水分动态变化趋势与株距间变化趋势一致，但行距间的土壤含水明显高于株距间。

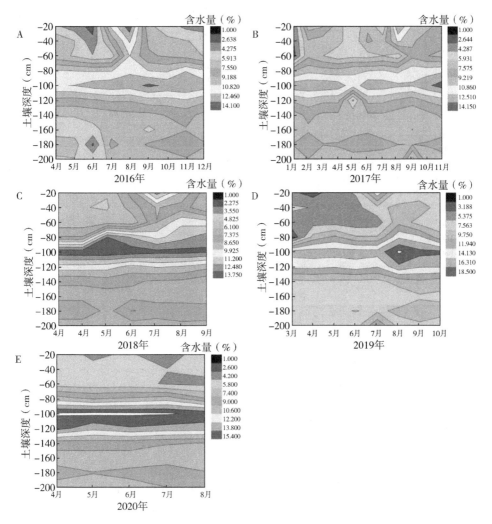

图6-15　2016—2020年小叶杨林地4m×10m（0.08株/m²）
株距间土壤水分季节变化规律（见书后彩图）

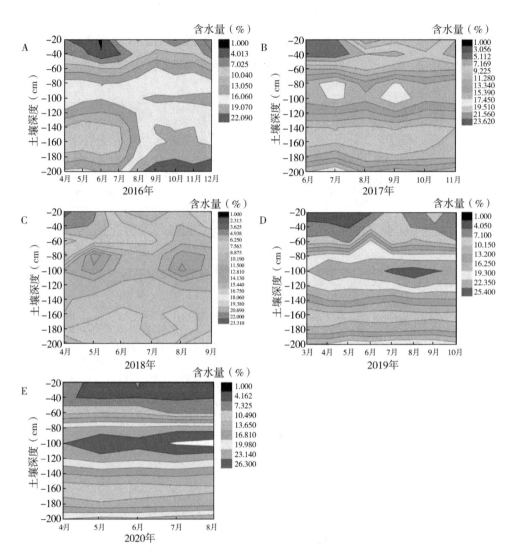

图 6-16　2016—2020 年小叶杨 4m×10m（0. 08 株/m²）

行距间土壤水分季节变化规律（见书后彩图）

第五节　主要结论与讨论

宁夏干旱风沙区通过人工造林进行防风固沙、土壤水分保持以及土壤养分改良，该地区的主要人工乔木树种以樟子松为主，其次为榆树、新疆杨、小叶杨、沙枣、刺槐等。通过多年的人工造林，宁夏中部干旱带的风蚀得以缓解，该地生态环境明显改善。但人工乔木树种成林后对该地土壤改良的具体效益，以及成林后土壤的水分动态变化目前研究较少，该问题也是生态修复过程中需要关注的重点。本章内容选择对成林效果较好且具有一定规模的樟子松、榆树、新疆杨、小叶杨作为研究对象，通过对多种乔木、不同种植密度、不同株距和行距布设 TDR 土壤水分监测探管，监测不同乔木类型的土壤水分动态变化。根据数据显示，不同密度的樟子松林地土壤水分动态均呈现出上高下低态势，上层土壤水分含量相对高于下层土壤，并且樟子松林地的土壤水分亏缺和旱化趋势较为严重，但上层水分相对充裕，分析其原因主要在于樟子松林地蒸腾作用较小，对土壤水分消耗较低，使得不同密度的樟子松林地土壤上层均具有较好的含水量。新疆杨林地呈现出上低下高态势，0~160cm 土层土壤水分匮乏，仅在 160~200cm 土层含水量有所增高，有蓄水现象，但根据 0~160cm 的土壤水分分析表明，新疆杨蒸腾作用较大，使得根系的土层（0~160cm）含水量明显减少。榆树林地土壤在 0~200cm 相对丰富，降雨后的水分保存在 0~200cm 土层，且亏缺和旱化速度较为缓慢，使得 0~200cm 土层土壤水分分布较为均匀，并且 0.05 株/m² 的榆树林地土壤含水量明显高于 0.08 株/m² 的榆树林地，由此说明榆树林成立密度以 0.05 株/m² 最为合适。小叶杨林地土壤水分动态变化呈现出低高低态势，不同密度的小叶杨在 80~120cm 土层含水量均高于其余深度，具有明显的蓄水效果，且保持相对稳定。

综上所述，樟子松、榆树、新疆杨和小叶杨四种典型的耐旱乔木树种中，樟子松具有耗水少的特点，在一定程度上可保证土壤水分稳定且防风固沙。榆树和小叶杨林地均有一定的蓄水功能，可在一定程度上减少水土流失，尤其以榆树最为明显。而新疆杨林地耗水严重，0~200cm、0~160cm 土层均呈现出缺水现象，由此说明新疆杨虽有防风固沙作用，但对土壤水分消耗较大，不利于土壤水分的储存。

第七章　宁夏干旱风沙区主要典型树种新造林地土壤水分动态监测与评价

近年来，宁夏中部干旱带植树造林对荒漠化和半荒漠化地区的生态修复取得了重大成果，因此扩大造林面积成了宁夏中部干旱带生态修复的重要举措。本章内容通过对宁夏干旱风沙区主要典型树种的新造林地进行持续5年的土壤水分动态监测。选择种植较多的沙棘、山杏、柽柳、樟子松、榆树作为研究对象，探究不同树种的新造林地土壤水分变化。通过对新造林的土壤水分进行监测，可为植树造林后的土壤水分变化提供依据，给植树造林的树种选择提供参考。

第一节　宁夏干旱风沙区沙棘林地土壤水分动态变化规律

沙棘是胡颓子科、沙棘属落叶灌木，阳性树种、喜光照，耐寒耐旱、抗风沙，对土壤适应性强，可以在盐碱化土地上生长，因此被广泛用于水土保持。沙棘在中国西北部大量种植，用于沙漠绿化。

对大水坑区域沙棘新造林进行水分动态分析，根据0~100cm的土壤水分数据显示（图7-1），沙棘新造林的土壤水分主要集中在土壤上层（0~60cm），下层（60~100cm）水分较少。不同年份的数据表明，2016年（图7-1A）的4—6月水分较高，7月水分相对匮乏，8月降雨补充后得以缓解，但随着季节变化，水分亏缺和旱化明显。2017年（图7-1B）的1—7月水分匮乏，8—11月水分较

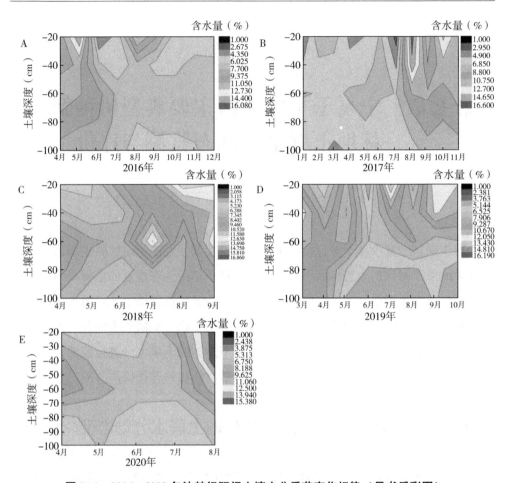

图 7-1　2016—2020 年沙棘行距间土壤水分季节变化规律（见书后彩图）

为丰富。2018 年（图 7-1C）的 5 月土壤水分匮乏，7—9 月水分较高。2019 年（图 7-1D）在 5—10 月，土壤的 60~100cm 深度土壤水分匮乏，其余深度和季节含水量相对充裕；2020 年不同季节土壤水分较少。

第二节　宁夏干旱风沙区山杏林地土壤水分动态变化规律

山杏是蔷薇科杏属植物，是黄河流域重要乡土树种，用途广泛，经济价值高，可绿化荒山、保持水土，也可作沙荒防护林的伴生树种。适应性强，喜光，根系发达，深入地下，具有耐寒、耐旱、耐瘠薄的特点。本部分对山杏的新造林进行土壤水分动态监测。如图7-2所示，0~100cm土层深度的水分监测试验结果表明，山杏新造林土壤在0~60cm土层含水量较高，60~100cm深度土壤含水量相对较少，从整体来看，最高含水量可达17.14%，由此推断，山杏新造林短期内对土壤水分的影响较小。

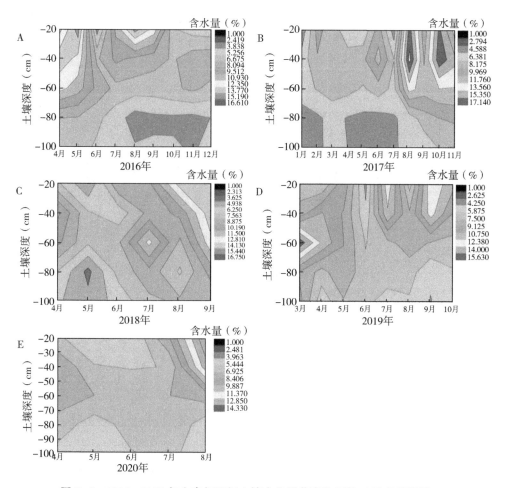

图7-2　2016—2020年山杏行距间土壤水分季节变化规律（见书后彩图）

第三节　宁夏干旱风沙区柽柳林地土壤水分动态变化规律

柽柳作为干旱地区常见树种，在宁夏干旱风沙区也有大量种植，对柽柳新造林进行土壤水分动态变化监测（图7-3），根据2017—2020年数据显示，柽柳新造林土壤水分较为丰富，0～100cm土层含水量较高，通过2017年（图7-3A）、2018年（图7-3B）、2019年（图7-3C）在30～50cm土层土壤水分明显较高，50～100cm相对减少，含水量在9%～12%，土壤水分丰富，柽柳新造林土壤水分明显高于沙棘、山杏。

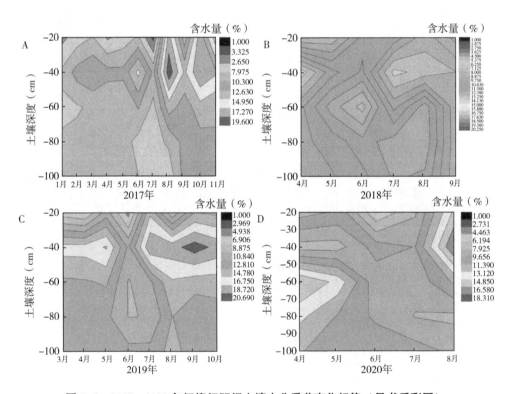

图7-3　2017—2020年柽柳行距间土壤水分季节变化规律（见书后彩图）

第四节　宁夏干旱风沙区樟子松林地土壤水分动态变化规律

樟子松作为宁夏中部干旱带主要造林树种，生态效益显著，近年来种植面积不断扩大。本章选择了大水坑区域的樟子松新造林作为研究对象，监测樟子松新造林的土壤水分动态变化规律，根据图 7-4 的数据表明，2016 年、2017 年、

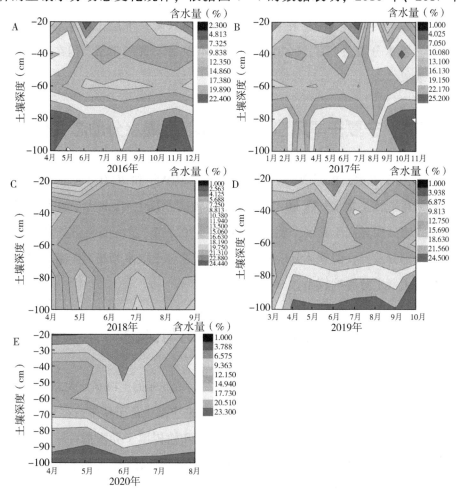

图 7-4　2016—2020 年樟子松行距间土壤水分季节变化规律（见书后彩图）

2019 年、2020 年的数据证实，樟子松新造林土壤水分在 0~100cm 深度呈现上低下高态势，70~100cm 土壤水分明显较高，且含水量都在 16 % 以上。各年份则存在较大差异，2016 年（图 7-4A）4 月土壤水分丰富，8 月则相对较少；2017 年（图 7-4B）3 月樟子松新造林土壤含水量较低，8 月和 10 月相对丰富；2018 年（图 7-4C）全年缺水较为严重，土壤水分主要集中在 30~60cm 土层，亏缺和旱化效果不明显，植被蒸腾作用消耗较大，使得该年在 70~100cm 土层深度的水分减少。2019 年（图 7-4D）在 3 月后水分得以恢复，下层土壤水分含量增加，2019 年土壤水分较为丰富；2020 年（图 7-4C）水分相对丰富，但在 6 月也呈现出缺水现象。

第五节　宁夏干旱风沙区榆树林地土壤水分动态变化规律

如图 7-5 所示，根据 2016 年、2017 年、2019 年和 2020 年的水分动态图可知，榆树新造林土壤水分在 60~100cm 土层较高，其中 80cm 土层含水量具有蓄水趋势，水分明显高于其余土层（2016 年和 2017 年）。不同年份的新造林土壤水分虽有部分差异，但整体分析发现，榆树新造林土壤水分相对丰富，榆树的短期造林对土壤水分影响较小。

第六节　主要结论与讨论

本章通过对不同立地类型的新造林地进行持续 5 年的土壤水分动态监测，研究不同新造林地对土壤水分的影响，选择了近年来宁夏中部干旱带造林较多的树种，其中沙棘和柽柳属于灌木树种，山杏、樟子松和榆树属于乔木树种。监测结果表明，灌木树种沙棘和柽柳新造林土壤水分呈现上高下低趋势，且变化趋势一致，说明灌木新造林短期内对土壤水分影响较小，新造林会持续原来的土壤水分生态，新造林成林后才会显示出差异。本章选择的三种乔木树种，其土壤水分动态变化存在

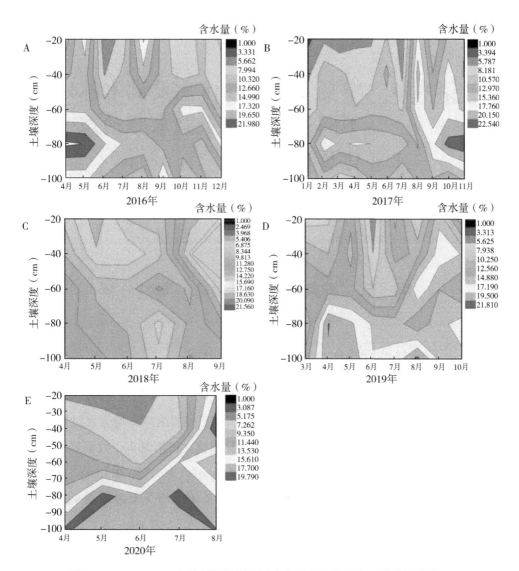

图 7-5　2016—2020 年榆树行距间土壤水分季节变化规律（见书后彩图）

差异，山杏新造林呈现出上高下低的趋势，而樟子松和榆树呈现出上低下高的趋势，樟子松和榆树林地的土壤水分明显高于山杏，且在 60～100cm 土层深度具有明显积水，说明樟子松和榆树新造林有利于荒漠化地区的土壤水分动态平衡。

第八章 宁夏干旱风沙区主要灌木林地不同造林密度土壤水分动态变化及对比分析

第一节 柠条林地土壤水分差异性分析

一、柠条林地行距间土壤水分差异性分析

通过分析计算 0.08 株/m²、0.12 株/m²、0.16 株/m²、0.56 株/m²、0.76 株/m² 密度的柠条行距间的土壤全年平均含水量，根据全年平均含水量比较各种植模式和种植密度的柠条林地的土壤水分变化规律。根据图 8-1 数据显示，2016 年（图 8-1A）0.08 株/m² 行距间全年平均含水量为 12.02%，0.12 株/m² 行距间全年平均含水量为 9.91%，0.16 株/m² 行距间全年平均含水量为 9.98%，0.56 株/m² 行距间全年平均含水量为 6.89%，0.76 株/m² 行距间全年平均含水量为 8.77%。2017 年（图 8-1B）0.08 株/m² 行距间全年平均含水量为 11.57%，0.12 株/m² 行距间全年平均含水量为 10.29%，0.16 株/m² 行距间全年平均含水量为 9.14%，0.56 株/m² 行距间全年平均含水量为 6.20%，0.76 株/m² 行距间全年平均含水量为 8.26%。2018 年（图 8-1C）0.08 株/m² 行距间全年平均含水量为 10.97%，0.12 株/m² 行距间全年平均含水量为 10.45%，0.16 株/m² 行距间全年

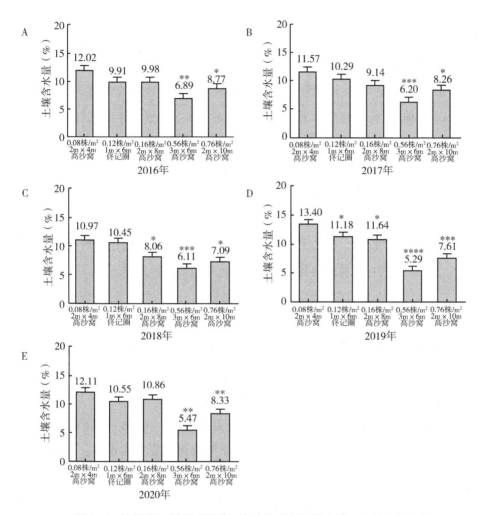

图 8-1　宁夏半干旱区不同种植密度柠条行距间土壤水分差异性分析

（注：＊代表在 0.05 水平下差异显著；＊＊代表在 0.01 水平下差异显著；＊＊＊ 和 ＊＊＊＊ 均表示差异极显著，下同）

平均含水量为 8.06%，0.56 株/m² 行距间全年平均含水量为 6.11%，0.76 株/m² 行距间全年平均含水量为 7.09%。2019 年（图 8-1D）0.08 株/m² 行距间全年平均含水量为 13.40%，0.12 株/m² 行距间全年平均含水量为 11.18%，0.16 株/m²

行距间全年平均含水量为 11.64%, 0.56 株/m² 行距间全年平均含水量为 5.29%, 0.76 株/m² 行距间全年平均含水量为 7.61%。2020 年（图 8-1E）0.08 株/m² 行距间全年平均含水量为 12.11%, 0.12 株/m² 行距间全年平均含水量为 10.55%, 0.16 株/m² 行距间全年平均含水量为 10.86%, 0.56 株/m² 行距间全年平均含水量为 5.47%, 0.76 株/m² 行距间全年平均含水量为 8.33%。根据 5 年的统计数据表明，该地区同一密度的柠条平均含水量变化较小，但不同种植模式成林后的柠条，行距间的土壤含水与生长密度呈正相关，生长密度越大土壤全年平均含水量越大，其中高沙窝区域 0.56 株/m² 的柠条林地为退耕还林地，该地区除柠条外其余植被密度较大，导致该地区的土壤水分明显较少，2020 年的土壤全年平均水分仅有 5.29%。0.56 株/m² 与 0.08 株/m²、0.12 株/m²、0.16 株/m² 的柠条林地相比均有极显著性差异。0.76 株/m² 的柠条林地与其余密度相比也具有显著性差异。

二、柠条株距间土壤水分差异性分析

宁夏中部干旱带的柠条林地在种植时，植株距离均为 1m，为了探究不同密度柠条地株距间的水分是否存在差异，本试验对株距间的土壤水分进行分析，图 8-2 数据显示，2016 年（图 8-2A），0.08 株/m² 株距间全年平均含水量为 11.75%, 0.12 株/m² 株距间全年平均含水量为 10.78%, 0.16 株/m² 株距间全年平均含水量为 8.89%, 0.56 株/m² 株距间全年平均含水量为 5.47%, 0.76 株/m² 株距间全年平均含水量为 6.85%。2017 年（图 8-2B）0.08 株/m² 株距间全年平均含水量为 9.88%, 0.12 株/m² 株距间全年平均含水量为 11.41%, 0.16 株/m² 株距间全年平均含水量为 7.69%, 0.56 株/m² 株距间全年平均含水量为 5.11%, 0.76 株/m² 株距间全年平均含水量为 6.98%。2018 年（图 8-2C）0.08 株/m² 株距间全年平均含水量为 10.74%, 0.12 株/m² 株距间全年平均含水量为 10.65%, 0.16 株/m² 株距间全年平均含水量为 7.66%, 0.56 株/m² 株距间全年平均含水量为 6.63%, 0.76 株/m² 株距间全年平均含水量为 7.18%。2019 年（图 8-2D）0.08 株/m² 株距间全年平均含水量为 10.67%, 0.12 株/m² 株距间全年平均含水

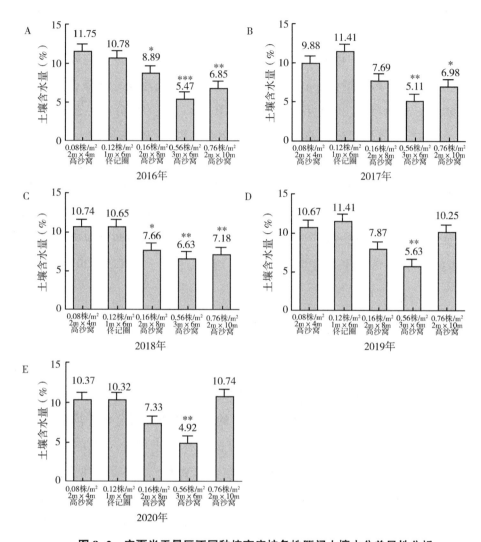

图8-2 宁夏半干旱区不同种植密度柠条株距间土壤水分差异性分析

量为 11.41%，0.16 株/m² 株距间全年平均含水量为 7.87%，0.56 株/m² 株距间全年平均含水量为 5.63%，0.76 株/m² 株距间全年平均含水量为 10.25%。2020年（图 8-2E）0.08 株/m² 株距间全年平均含水量为 10.37%，0.12 株/m² 株距间全年平均含水量为 10.32%，0.16 株/m² 株距间全年平均含水量为 7.33%，0.56

株/m²株距间全年平均含水量为 4.92%，0.76 株/m²株距间全年平均含水量为 10.74%。

由数据可知，不同种植模式的柠条林地株距间的土壤水分变化趋势与行距间一致，但大部分柠条林地株距间的土壤平均含水量小于行距间，仅有 0.76 株/m²的柠条林地在 2019 年和 2020 年出现反常现象，株距间的水分明显升高，但与 0.08 株/m²的柠条林地无显著差异，分析其主要原因是行距间距较大（10cm），虽然为两行带状种植，但该地区株距间的水分会得到行距间的水分补充，同时该地区的地表植被较小，减少了蒸腾作用，使该地区株距间土壤含水出现反常现象。其余密度柠条林地的土壤含水量与种植密度呈正比，且 0.16 株/m²的柠条林地具有显著性差异，0.56 株/m²具有极显著性差异。5 年的监测结果表明，0.08 株/m²和 0.12 株/m²的生长密度可有效缓解土壤水分流失，并具有防风固沙作用。

第二节　杨柴林地土壤水分差异性分析

本部分选择宁夏中部干旱带成林的杨柴林地进行土壤水分对比分析，杨柴密度分别为 1.4 株/m²和 4.72 株/m²，2016 年（图 8-3A），1.4 株/m²的杨柴林地土壤全年平均含水量为 7.52%，4.72 株/m²的杨柴林地土壤全年平均含水量为 4.69%。2017 年（图 8-3B），1.4 株/m²的杨柴林地土壤全年平均含水量为 7.41%，4.72 株/m²的杨柴林地土壤全年平均含水量为 5.58%。2018 年（图 8-3C），1.4 株/m²的杨柴林地土壤全年平均含水量为 8.24%，4.72 株/m²的杨柴林地土壤全年平均含水量为 6.65%。2019 年（图 8-3D），1.4 株/m²的杨柴林地土壤全年平均含水量为 7.86%，4.72 株/m²的杨柴林地土壤全年平均含水量为 5.02%。2020 年（图 8-3E），1.4 株/m²的杨柴林地土壤全年平均含水量为 7.44%，4.72 株/m²的杨柴林地土壤全年平均含水量为 3.88%。5 年的数据监测显示，2016—2020 年，1.4 株/m²的杨柴林地土壤全年含水量波动较小，保持在 7.5%左右。但 4.72 株/m²的杨柴林地 2016—2020 年土壤含水量较不稳定，

2016—2018 年逐渐上升，2019—2020 逐渐下降，2020 年已降至 3.88%，4.72 株/m² 杨柴林地土壤含水明显匮乏。进一步比较两者生长密度的杨柴林地发现，4.72 株/m² 的杨柴林地与 1.4 株/m² 相比，土壤全年的平均含水量存在极显著差异，1.4 株/m² 的生长密度更有利于杨柴对干旱风沙区的生态修复和水土改良。

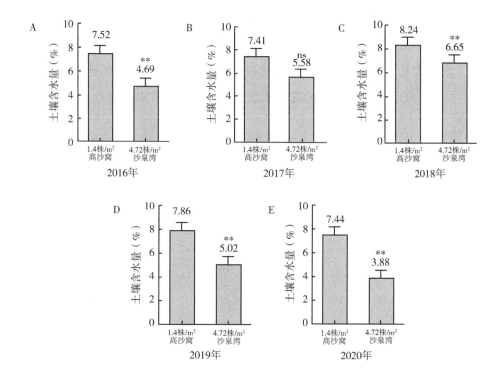

图 8-3　宁夏半干旱区不同种植密度杨柴土壤水分差异性分析

第三节　花棒林地土壤水分差异性分析

花棒作为宁夏干旱风沙区的主要灌木树种，在生态修复中起着关键作用。根据生物多样性调查分析，宁夏中部干旱带成林的花棒密度主要为 0.2 株/m²、0.28 株/m²、2.12 株/m²。不同密度的花棒林地全年平均含水量如图 8-4 所示，

2016 年（图 8-4A），0.2 株/m² 的花棒林地土壤全年平均含水量为 5.23%，0.28 株/m² 的花棒林地土壤全年平均含水量为 7.32%，2.12 株/m² 的花棒林地土壤全年平均含水量为 5.43%。2017 年（图 8-4B），0.2 株/m² 的花棒林地土壤全年平均含水量为 6.23%，0.28 株/m² 的花棒林地土壤全年平均含水量为 7.88%，2.12 株/m² 的花棒林地土壤全年平均含水量为 5.20%。2018 年（图 8-4C），0.2 株/m² 的花棒林地土壤全年平均含水量为 7.01%，0.28 株/m² 的花棒林地土壤全年平均含水量为 8.20%，2.12 株/m² 的花棒林地土壤全年平均含水量为 6.44%。2019 年（图 8-4D），0.2 株/m² 的花棒林地土壤全年平均含水量为 6.16%，0.28

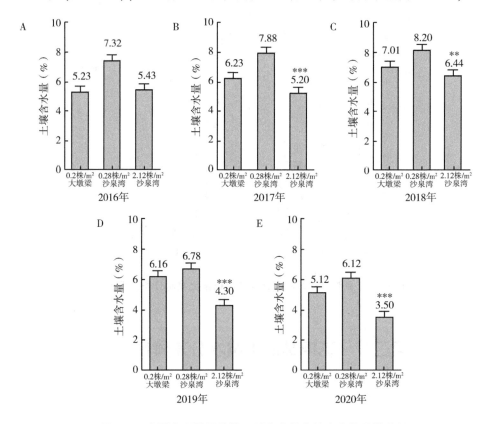

图 8-4　宁夏半干旱区花棒不同密度的土壤水分差异性分析

株/m²的花棒林地土壤全年平均含水量为 6.78%，2.12 株/m²的花棒林地土壤全年平均含水量为 4.30%。2020 年（图 8-4E），0.2 株/m²的花棒林地土壤全年平均含水量为 5.12%，0.28 株/m²的花棒林地土壤全年平均含水量为 6.12%，2.12 株/m²的花棒林地土壤全年平均含水量为 3.50%。

通过对 3 种密度的花棒林地进行土壤水分对比分析，2016—2020 年，3 种密度的土壤含水量表现为 0.28 株/m²>0.2 株/m²>2.12 株/m²。2016 年和 2020 年水分匮乏，土壤全年平均含水量低于 2017 年、2018 年和 2019 年，2.12 株/m²的花棒林地 2020 年低至 3.50%。显著性分析表明，0.2 株/m²与 0.28 株/m²无显著性，2.12 株/m²的花棒林地则有极显著差异，水分明显小于 0.2 株/m²与 0.28 株/m²的花棒林地，说明花棒的生长密度为 0.28 株/m²时有利于风沙区的土壤保持水分。

第四节　沙柳林地土壤水分差异性分析

宁夏中部干旱带沙柳主要以带状种植为主，本研究选择株距 1m、行距 1m，以及株距 1m、行距 3m 的种植模式进行土壤水分显著性分析。数据如图 8-5 所示，2016 年（图 8-5A），0.4 株/m²的沙柳林地行距间土壤全年平均含水量为 5.65%，1.48 株/m²的沙柳林地行距间土壤全年平均含水量为 8.35%。2017 年（图 8-5B），0.4 株/m²的沙柳林地行距间土壤全年平均含水量为 6.03%，1.48 株/m²的沙柳林地行距间土壤全年平均含水量为 7.67%。2018 年（图 8-5C），0.4 株/m²的沙柳林地行距间土壤全年平均含水量为 6.38%，1.48 株/m²的沙柳林地行距间土壤全年平均含水量为 7.48%。2019 年（图 8-5D），0.4 株/m²的沙柳林地行距间土壤全年平均含水量为 5.21%，1.48 株/m²的沙柳林地行距间土壤全年平均含水量为 6.55%。2020 年（图 8-5E），0.4 株/m²的沙柳林地行距间土壤全年平均含水量为 5.33%，1.48 株/m²的沙柳林地行距间土壤全年平均含水量为 7.62%。

沙柳林地不同株距间也具有相同趋势，根据图 8-6 可知，2016 年（图 8-

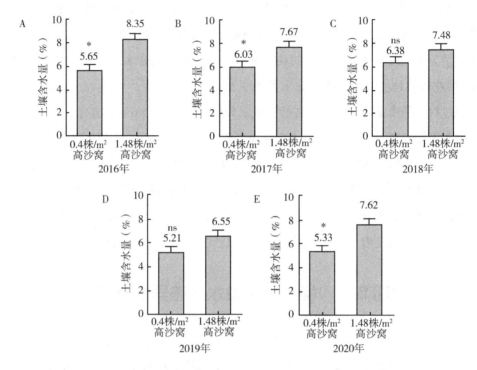

图 8-5　宁夏半干旱区沙柳不同密度的行距间土壤水分差异性分析

（注：ns 表示差异不显著，后同）

6A），0.4 株/m² 的沙柳林地株距间土壤全年平均含水量为 6.87%，1.48 株/m² 的沙柳林地株距间土壤全年平均含水量为 8.35%。2017 年（图 8-6B），0.4 株/m² 的沙柳林地株距间土壤全年平均含水量为 6.74%，1.48 株/m² 的沙柳林地株距间土壤全年平均含水量为 7.67%。2018 年（图 8-6C），0.4 株/m² 的沙柳林地株距间土壤全年平均含水量为 6.67%，1.48 株/m² 的沙柳林地株距间土壤全年平均含水量为 7.48%。2019 年（图 8-6D），0.4 株/m² 的沙柳林地株距间土壤全年平均含水量为 4.94%，1.48 株/m² 的沙柳林地株距间土壤全年平均含水量为 6.55%。2020 年（图 8-6E），0.4 株/m² 的沙柳林地株距间土壤全年平均含水量为 4.97%，1.48 株/m² 的沙柳林地株距间土壤全年平均含水量为 7.62%。

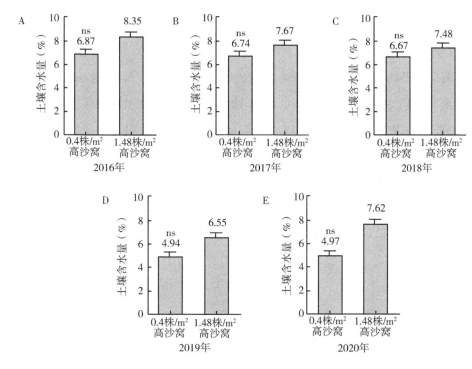

图 8-6　宁夏半干旱区沙柳不同密度的株距间土壤水分差异性分析

综上所述，密度为 1.48 株/m² 的沙柳林地行距间土壤全年平均水分高于 0.4 株/m²，2016 年、2017 年 和 2020 年的不同密度沙柳林地具有显著性差异。沙柳林地株距间也具有相同趋势，但株距间的土壤平均水分无显著性差异。结合沙柳林地的生物多样性结果，推测该地区密度小的沙柳林地被其余植被覆盖后，蒸腾作用增大，尤其以草本植物居多，而 1.48 株/m² 的沙柳林，沙柳盖度较大，林下无多余植被生长，使得该林地在一定程度上减少了水分的挥发。

第五节　沙蒿林地土壤水分差异性分析

本部分选择两种生长密度的沙蒿林地对土壤水分进行差异性分析，如图 8-7

所示，2016 年（图 8-7A），1.04 株/m² 的沙蒿林地土壤全年平均含水量为 15.28%，5.68 株/m² 的沙蒿林地土壤全年平均含水量为 9.61%。2017 年（图 8-7B），1.04 株/m² 的沙蒿林地土壤全年平均含水量为 15.62%，5.68 株/m² 的沙蒿林地土壤全年平均含水量为 10.79%。2018 年（图 8-7C），1.04 株/m² 的沙蒿林地土壤全年平均含水量为 14.62%，5.68 株/m² 的沙蒿林地土壤全年平均含水量为 10.55%。2019 年（图 8-7D），1.04 株/m² 的沙蒿林地土壤全年平均含水量为 17.08%，5.68 株/m² 的沙蒿林地土壤全年平均含水量为 7.53%。2020 年（图 8-7E），1.04 株/m² 的沙蒿林地土壤全年平均含水量为 16.03%，5.68 株/m² 的沙蒿林地土壤全年平均含水量为 5.48%。2016—2020 年的沙蒿林地土壤平均水分较为稳定，且 1.04 株/m² 和 5.68 株/m² 间存在极显著差异，说明 1.04 株/m² 可作为

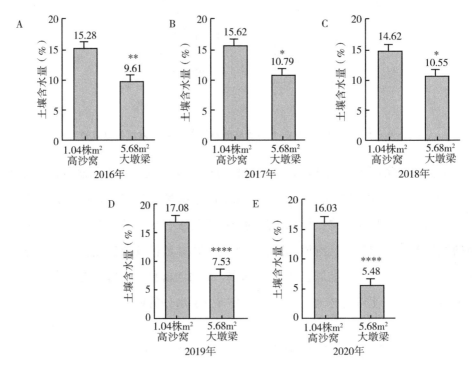

图 8-7　宁夏半干旱区沙蒿不同密度的株距间土壤水分差异性分析

宁夏中部干旱带的沙蒿林地最佳生长密度，对保持土壤水分具有积极作用。

第六节　主要结论与讨论

耐寒耐旱抗风沙的灌木树种一直作为宁夏干旱风沙区的先锋树种，在防风固沙方面起着较大作用，不同种植密度、生长密度以及灌木的生长年限对该地区的风蚀改良和土壤修复具有重要意义。本研究选择了柠条、杨柴、花棒、沙柳、沙蒿 5 种灌木树种，通过研究灌木林地的全年平均含水量，判断不同种植密度和不同灌木树种对土壤水分的影响。根据本章数据显示，5 种生长密度的柠条，以 0.08 株/m² 的土壤含水量最高，0.12 株/m² 次之，随着柠条生长密度增加，土壤含水量减少，尤其以柠条退耕还林地（0.56 株/m²）最为明显。随着生物多样性增加，地表植被覆盖面积增大，蒸腾作用较大，土壤含水量减少。分析 2016—2020 年的数据发现，同一生长密度的柠条地，5 年来的平均含水量无明显波动。两种密度的杨柴对比分析表明，1.4 株/m² 的生长密度更有利于杨柴对干旱风沙区的生态修复和水土改良。花棒的生长密度为 0.28 株/m² 时有利于风沙区的土壤保持水分；生长密度为 1.48 株/m² 的沙柳林土壤含水量较高；而 1.04 株/m² 可作为宁夏中部干旱带的沙蒿林地最佳生长密度，可有效保持土壤水分。对比 5 种灌木的土壤含水量表明，沙蒿林地的土壤含水量明显高于其余灌木，柠条次之。

第九章　宁夏干旱风沙区主要乔木林地不同造林密度土壤水分动态变化及差异性研究

宁夏干旱风沙区乔木林地主要以樟子松、榆树、新疆杨、小叶杨为主，且多为人工造林，但不同乔木林地的造林因密度差异会影响整体的生态修复和土壤水分平衡。在树木生长过程中，阳光、土壤水分是林木生长的必要条件，而造林密度与林木生长、发育、产量、质量都有一定的关系，同时也会对土壤养分改良、土壤水分动态变化、土壤结构改变有一定影响。因此，因地制宜，根据林地地域、土质、气候、水分等不同因素，通过不同造林模式来维持该林地土壤与植物的平衡，从而更持久地维持该地区的水土平衡和生态平衡。本章通过研究不同乔木林地的全年平均含水量，进一步探究不同生长密度对土壤水分的影响。

第一节　樟子松林地土壤水分差异性研究

一、樟子松行距间土壤水分差异性分析

宁夏中部干旱带的樟子松主要以株距 3m、行距 3m 种植，同时也有株距 3m、行距 5m 和株距 4m、行距 10m 种植模式。本次研究选择对不同地区的樟子松林地的 3 种模式进行分析研究，根据生物多样性调查分析，樟子松成林后的生长密

度分别为 0.04 株/m²、0.08 株/m²、0.12 株/m²、0.2 株/m²，其中 0.2 株/m² 的
樟子松林地选择二道湖的新造林地和大墩梁区域的成林地。通过对以上 5 种密度
的樟子松林地的行距间的土壤水分分析发现，2016 年（图 9-1A）0.04 株/m² 的
土壤平均含水量为 7.18%，0.08 株/m² 的土壤平均含水量为 7.78%，0.12 株/m²

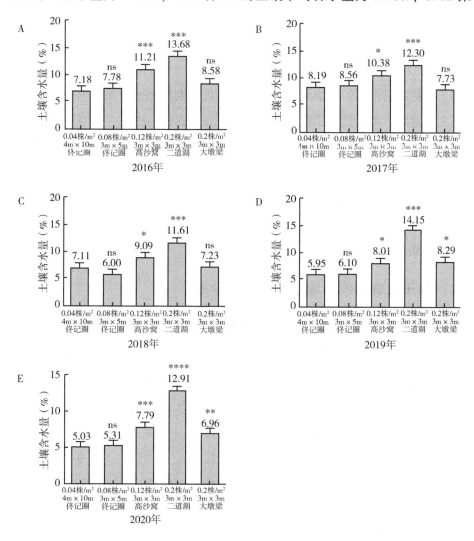

图 9-1　宁夏半干旱区樟子松不同密度的行距间土壤水分差异性分析

的土壤平均含水量为 11.21%，0.2 株/m²（新造林）的土壤平均含水量为 13.68%，0.2 株/m²（林地）的土壤平均含水量为 8.58%；2017 年（图 9-1B）土壤平均含水量分别为 8.19%、8.56%、10.38%、12.30%、7.73%；2018 年（图 9-1C）土壤平均含水量分别为 7.11%、6.00%、9.09%、11.60%、7.23%；2019 年（图 9-1D）分别为 5.95%、6.10%、8.01%、14.15%、8.29%；2020 年（图 9-1E）土壤平均含水量分别为 5.03%、5.31%、7.79%、12.91%、6.96%。

樟子松林地行距间的土壤水分与樟子松生长密度具有正相关性，随着樟子松密度增大而增加，可能是樟子松行距较大，地表裸露较多所致，同时通过 5 年对比分析，除了二道湖的樟子松新造林外，其余密度随着年份变化，土壤平均含水量具有逐年减少趋势，但差异不显著，而新造林地受到人工灌溉影响，该林地土壤含水量相对丰富，与其余密度的樟子松林地相比具有极显著差异。已成林的樟子松林地，0.12 株/m²的密度与其余密度相比具有显著性差异，该密度土壤含水量明显高于其余林地。

二、樟子松株距间土壤水分差异性分析

本研究监测樟子松林地株距间的土壤水分，根据数据显示（图 9-2），2016 年（图 9-2A）0.04 株/m²的株距间土壤平均含水量为 6.87%，0.08 株/m²的株距间土壤平均含水量为 5.58%，0.12 株/m²的株距间土壤平均含水量为 11.22%，0.2 株/m²（新造林）的株距间土壤平均含水量为 13.68%，0.2 株/m²（成林地）的株距间土壤平均含水量为 10.07%；2017 年（图 9-2B）土壤平均含水量分别为 7.54%、6.57%、10.37%、12.30%、7.10%；2018 年（图 9-2C）分别为 6.22%、5.58%、9.08%、11.62%、8.53%；2019 年（图 9-2D）分别为 5.43%、4.96%、8.01%、14.15%、8.98%；2020 年（图 9-2E）分别为 4.70%、4.37%、7.79%、12.91%、11.50%。

樟子松林地株距间的土壤含水量与行距间无明显差异，结合株距间和行距间

的土壤水分分析，0.12 株/m²是樟子松林地的最佳生长密度，可有效保证株距间的土壤水分，维持动态平衡，因此建议以株距 3m、行距 3m 的种植模式在宁夏干旱风沙区种植樟子松。

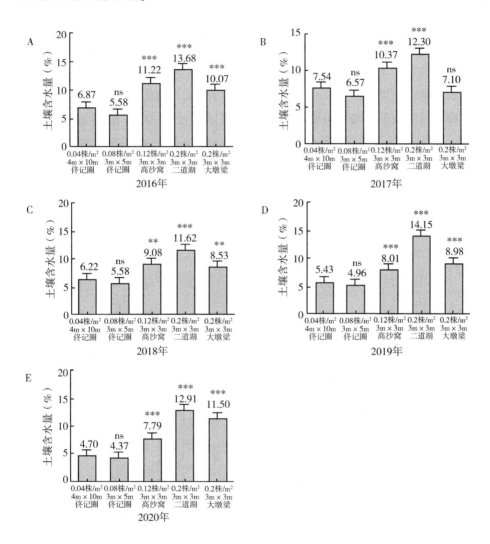

图 9-2　宁夏半干旱区樟子松不同密度的行距间土壤水分差异性分析

第二节　榆树林地土壤水分差异性研究

一、榆树行距间土壤水分差异性分析

宁夏干旱风沙区榆树种植主要以株距 3m、行距 5m 的种植模式成林，随着林龄的增长，生长密度分别为 0.05 株/m² 和 0.08 株/m²。如图 9-3 所示，通过对不同密度榆树行距间的土壤水分分析，2016 年（图 9-3A）0.05 株/m² 的榆树行距间的全年平均含水量为 8.79%，0.08 株/m² 的榆树行距间全年平均含水量为

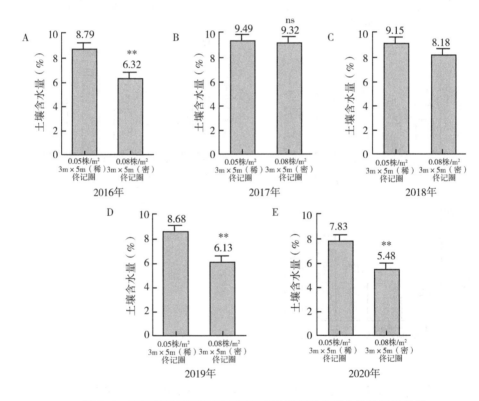

图 9-3　宁夏半干旱区榆树不同密度的行距间土壤水分差异性分析

6.32%；2017 年（图 9-3B）分别为 9.49%、9.32%；2018 年（图 9-3C）为 9.15%、8.18%；2019 年（图 9-3D）为 8.68%、6.13%；2020 年（图 9-3A）为 7.83%、5.48%。生长密度为 0.08 株/m² 的榆树林地行距间的土壤水分小于 0.05 株/m²，在 2016 年、2019 年、2020 年，两种密度的榆树林地行距间的土壤水分具有显著差异，0.08 株/m² 的榆树林地含水明显较低。

二、榆树株距间土壤水分差异性分析

通过对不同密度的榆树全年水分变化进行差异性分析，密度大的榆树与密度小的榆树之间的土壤含水量存在极显著差异。密度较小的榆树林地土壤中的含水量相对丰富（图 9-4）。

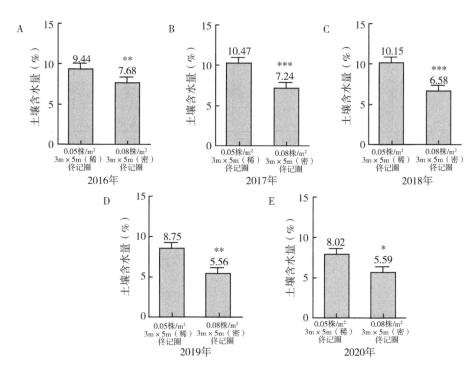

图 9-4　宁夏半干旱区榆树不同密度的株距间土壤水分差异性分析

第三节　新疆杨林地土壤水分差异性研究

　　宁夏干旱风沙区，新疆杨主要以防风林为主，成林的新疆杨较少，本次试验选择了沙泉湾区域株距3m、行距6m的新疆杨林地。该林地已成林多年，生态系统相对平稳，新疆杨生长密度为0.08株/m²，根据5年的数据统计显示，新疆杨林地行距间水分大于株距间，土壤水分相对匮乏，2016—2020年土壤水分相对稳定，无显著性差异（图9-5）。

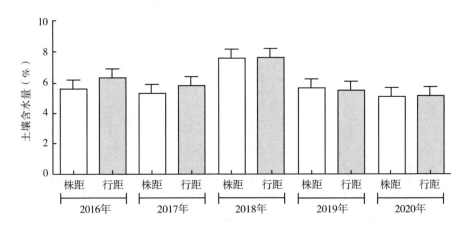

图9-5　宁夏半干旱区榆树不同密度的株距间土壤水分差异性分析

第四节　小叶杨林地土壤水分差异性研究

一、小叶杨行距间土壤水分差异性分析

　　在不同密度的小叶杨行距间，选择高沙窝区域和大水坑区域的小叶杨林地进行土壤水分监测。结果如图9-6所示，2016年（图9-6A），0.04株/m²的行距间土壤全年平均含水量为12.41%，0.08株/m²的行距间土壤全年平均含水量为

13.88%；2017 年（图 9-6B）为 12.43%、11.76%；2018 年（图 9-6C）为 8.93%、8.21%；2019 年（图 9-6D）为 13.15%、15.39%；2020 年（图 9-6E）为 11.47%、14.11%。行距间土壤水分无显著性差异。

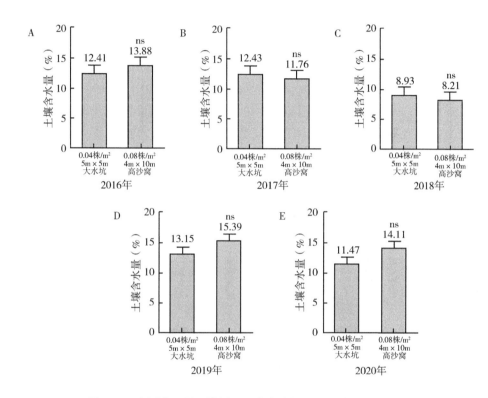

图 9-6　宁夏半干旱区榆树不同密度的行距间土壤水分差异性分析

二、小叶杨株距间土壤水分差异性分析

如图 9-7A 所示，2016 年 0.04 株/m² 的株距间土壤全年平均含水量为 12.41%，0.08 株/m² 的株距间土壤全年平均含水量为 8.01%；2017 年（图 9-7B）分别为 12.43%、8.30%；2018 年（图 9-7C）分别为 8.93%、8.72%；2019 年（图 9-7D）为 13.15%、8.49%；2020 年（图 9-7E）为 11.47%、

8.11%。株距间的土壤水分在 2016 年、2017 年、2019 年和 2020 年具有显著性差异。0.08 株/m² 的土壤水分明显小于 0.04 株/m²，说明生长密度为 0.04 株/m² 的小叶杨林地可以较好地保持土壤水分，减少土壤水分的过度丧失。

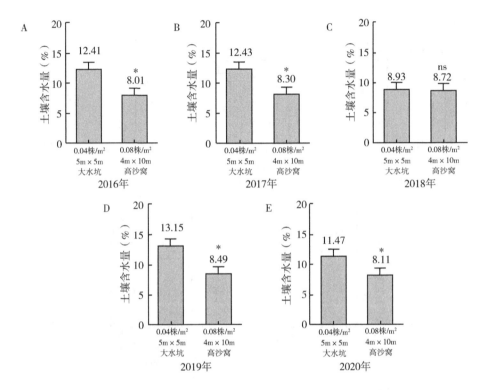

图 9-7　宁夏半干旱区小叶杨不同密度的株距间土壤水分差异性分析

第五节　主要结论与讨论

乔木树冠浓密、宽广，根系发达，以乔木为主的自然林地具有良好的地表覆盖、发达的植物根系及良好的土壤渗透体系。浓密的树冠能有效地吸纳大气中的降水，减轻降水对地表的直接冲蚀，减少地表径流。乔木发达的根系在土壤中形成大量有利于水分渗透的非毛管孔隙，加之地上枯落物的分解使土壤结构改良，土壤的持水、透水性增强，具有很好的涵养水源和保持水土的功能。本章节对宁夏中部干旱带主要的乔木树种行距和株距间进行土壤水分分析，探究不同立地类型、相同植被不同生长密度对土壤水分的影响。

数据表明，樟子松林地株距与行距间水分存在较大差异，以株距 3m、行距 3m 种植的樟子松林地土壤含水明显高于其余种植模式，该种植模式下，樟子松生长密度为 0.12 株/m² 的土壤含水量更为丰富。榆树林地主要以株距 3m、行距 5m 进行种植，该种植模式下生长密度为 0.05 株/m² 的土壤含水量更为丰富。新疆杨林地土壤含水基本保持恒定，但新疆杨林地土壤水分较少。而小叶杨则以 5m×5m 模式种植，生长密度为 0.05 株/m² 的土壤含水量更为丰富。不同树种间的土壤水分也存在较大差异，樟子松林地与小叶杨林地土壤水分最高，榆树次之，新疆杨土壤含水量最低，说明在宁夏干旱风沙区，从土壤水分健康的角度分析，樟子松、小叶杨和榆树等在生态修复和土壤水分保持过程中可作为优势树种。

第十章 宁夏干旱风沙区主要园林绿化树种土壤水分变化规律研究

城市园林是每个国际化、高质量城市的代名词，是践行"绿水青山就是金山银山"生态优先发展的直接体现，是充分发挥林地生态功能最直接、最具体的表现方式。城市园林绿地的建设，是一个国家、一个城市综合实力的集中体现。以树木为主体的城市园林绿化是维持和改善城市生态环境重要的生物屏障，具有调节气候、缓解温室效应、提高空气湿度、降低噪声、吸附粉尘和其他有害大气成分等广泛的生态功能，同时还在改善城市景观、提供悠憩空间和体现城市文化内涵等方面发挥着不可替代的作用（马履一等，2009）。城市树木具有很好的吸热、遮阳和蒸腾水分的作用，可以有效地减轻城市的"热岛效应"。树木通过其叶片大量蒸腾水分，带走城市中大量的辐射热，降低城市表面的温度，同时提高城市大气的相对湿度。据测定，炎热夏季 14：00 左右的树冠外比林荫下的温度高 3～5℃；小片林地的地表温度比空旷地降低 28%；树木覆盖率达 30%时市区气温可降低 8%，达 40%时气温可降低 10%，达 50%时可降低 13%。可见城市的绿化程度对城市气温有明显影响。当城市的绿化覆盖率达 50%时，夏季可降低气温 4～6℃，基本上不会出现热岛效应。在空气相对湿度方面，林地上空的相对湿度比无林地高 38%，公园的相对湿度比城市其他地方高 27%。这也是在炎热夏天人们漫步在城市的森林、公园或行道树下会感觉到凉爽的原因（马履一等，2009）。

近几年中国城市园林建设速度及成本投入令世界瞩目。据前瞻产业研究院统计，2002—2009 年中国城市园林绿化固定资产投资保持高速增长态势，从 321.94 亿元增加至 1 235.9 亿元，年均复合增长率达到为 23%，2010 年投资总额达到 2 297.04 亿元，同比增幅达到 85.86%。2016 年中国园林绿化固定资产投资提高至 1 746 亿元，同比增加 9.95%，2017 年达到 1 800 亿元。

　　宁夏盐池县降水量少，水量平衡中地表径流和土壤入渗相对减少，植物蒸腾成为绿地主要的水分支出，为了定期对林地进行补水以确保林木的健康状态，满足植株蒸腾作用的消耗，本试验对盐池县花马寺区域的园林建设区不同灌木和乔木进行了土壤水分监测，通过布设 2m TDR 土壤水分监测探管对 0~200cm 土层的水分进行监测，通过土壤含水量对树木的耗水能力做出评价，根据不同树木的耗水能力和耗水规律，实现低耗水树种选择和节水型绿地植物的优化配置。

第一节　不同立地类型土壤水分动态变化研究

一、园林绿化区灌木土壤水分变化规律

1. 园林绿化区连翘土壤水分动态变化规律

连翘是木樨科连翘属落叶灌木，喜光植被，耐干旱瘠薄，怕涝；不择土壤，在中性、微酸或碱性土壤均能正常生长。耐寒的特性使其成为北方园林绿化的佼佼者。连翘萌发力强，可很快扩大其分布面积，其生命力和适应性较强。本研究选择了园林绿化区的连翘作为研究对象。如图 10-1 所示，花马寺生态园的园林绿化区连翘以株距 1m、行距 1m 的模式种植，生长密度为 1.45 株/m²，根据布设在连翘林地间的 TDR 土壤水分监测探管监测的土壤水分分析，2016—2020 年（图 10-1），连翘林地土壤含水量相对丰富，1.45 株/m² 的连翘林地土壤水分随土壤深度的增加而增加，160~200cm 土层土壤含水量最高，0~160cm 的土层含水量较低。根据 2019 年和 2020 年结果表明，在土壤水分充足的情况下，在 60cm、100cm、140cm、180~200cm 土层深度的土壤具有储水功能，可短暂蓄水

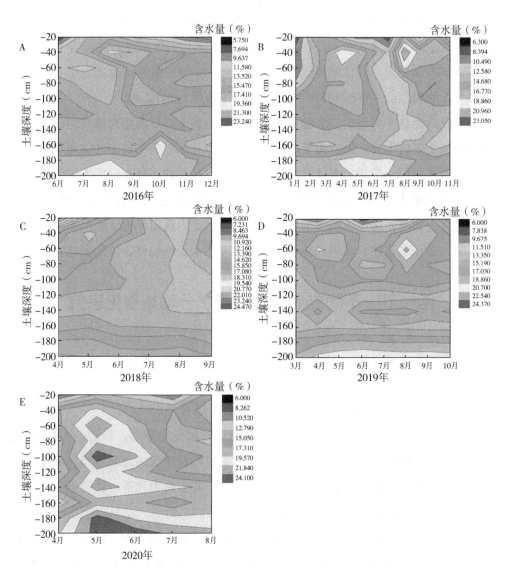

图 10-1　2016—2020 年连翘 1m×1m（1.45 株/m²）
行距间土壤水分季节变化规律（见书后彩图）

以维持连翘林地的土壤水分动态平衡。分析不同季节的土壤水分表明，该地区主要在 5 月和 8 月土壤水分因降雨补充明显增高。

在行距 1m、株距 1m 的种植模式下，连翘随种植时间增长，出现死亡现象，本试验选择了相同模式下已成林的连翘林地，其生长密度为 1.0 株/m² （图 10-2）。

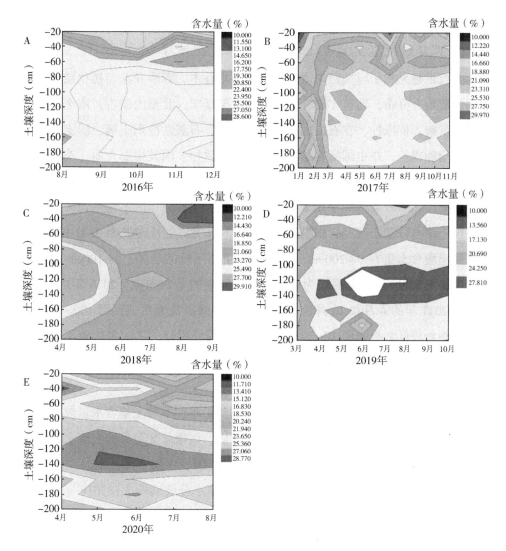

图 10-2　2016—2020 年连翘 1m×1m （1.0 株/m²）

行距间土壤水分季节变化规律 （见书后彩图）

根据 2016—2020 年的土壤水分动态监测表明，该密度连翘土壤水分丰富，最高可达 30%，0～200cm 的数据显示，80～160cm 土壤深度的水分含量较高，蓄水效果明显。且不同季节的土壤含水相对丰富，即使在相对干旱的季节，该密度连翘林地土壤含水也较为丰富。

2. 园林绿化区文冠果土壤水分动态变化规律

文冠果是无患子科文冠果属落叶灌木或小乔木，春季开花，初秋结果。在中国东北部均有分布，西至宁夏、甘肃，东北至辽宁，北至内蒙古，南至河南。耐干旱、贫瘠、抗风沙，在石质山地、黄土丘陵、石灰性冲积土壤、固定或半固定的沙区均能成长，是中国特有的一种食用油料树种。因其树姿秀丽，花序大，花朵稠密，花期长，可用于公园、庭园、绿地孤植或群植，作为北方绿化造林树种被广泛应用。本研究选择宁夏干旱风沙区盐池县园林绿化区不同生长密度的文冠果进行土壤水分动态研究，根据图 10-3 数据表明，生长密度为 0.72 株/m² 的文冠果，土壤含水量在 0～200cm 土层呈现出上高下低的趋势，0～100cm 土壤含水量较高，尤其以 60cm 土层最为明显，具有明显的蓄水现象，2016 年的 10 月和 11 月、2017 年的 4 月和 10 月、2019 年的 8 月储水最为明显，但 100～200cm 土壤水分相对较低。根据图 10-3 中的水分变化趋势可知，文冠果林地不同季节的水分变化趋势较大，在 2016 年的 8 月 80～160cm 土层深度出现了明显的缺水现象，2018 年 6 月在 60～90cm 也出现明显缺水。

密度为 0.36 株/m² 的文冠果林地在不同年份不同季节土壤含水量波动趋势较大（图 10-4），根据 5 年的统计数据可以看出，该密度文冠果的土壤水分在 40～80cm 土层最为集中（2016 年、2017 年、2019 年），下层水分相对较少，与 0.72 株/m² 的文冠果变化趋势一致；但不同年份土壤水分波动较大，2016 年（图 10-3A）相对稳定，水分主要集中在 40～80cm，9—12 月土壤水分相对丰富；2017 年（图 10-3B）在 7—8 月出现了明显缺水现象，对土壤水分动态变化较大；2018 年（图 10-3D）全年缺水，尤其在 40～120cm 土层深度，与其他年份呈现出相反的趋势，40～120cm 土层深度明显缺水；2019 年（10-3E）则集中在 6—9

月，土壤水分相对丰富。

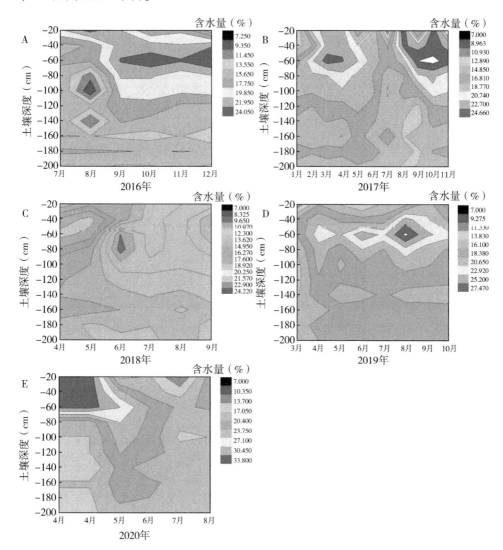

图 10-3　2016—2020 年文冠果（0.72 株/m²）行距间土壤水分季节变化规律（见书后彩图）

3. 园林绿化区沙冬青土壤水分动态变化规律

沙冬青是豆科沙冬青属常绿灌木，高可达 2m，树皮黄绿色，是中国重点保

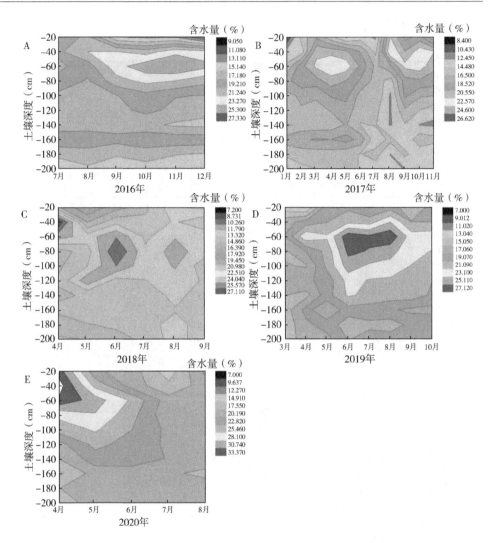

图 10-4　2016—2020 年文冠果（0.36 株/m²）行距间土壤水分季节变化规律（见书后彩图）

护的第一批珍稀濒危物种，为古第三纪孑遗种、亚洲中部特有物种，也是中国西北荒漠地区唯一的超旱生常绿阔叶灌木树种。分布于中国内蒙古、宁夏、甘肃，生于沙丘、河滩边台地，为良好的固沙植物。沙冬青能在恶劣的自然环境中生长，具有较厚的角质层、密实的表皮毛，气孔下陷，抗旱性、抗热性强，耐寒、耐盐、耐贫瘠，保水性强，在极度缺水的状况下仍能正常生长。常与柠条、沙蒿组成共建的群系，群系多呈小片状分布。

本研究对宁夏干旱风沙区盐池县园林绿化区成林的沙冬青展开研究，该地区沙冬青的生长密度主要为 3.8 株/m² 和 1.9 株/m²，通过对 3.8 株/m² 的沙冬青林地进行土壤水分监测（图 10-5），该密度沙冬青土壤含水丰富，在 0~200cm 土

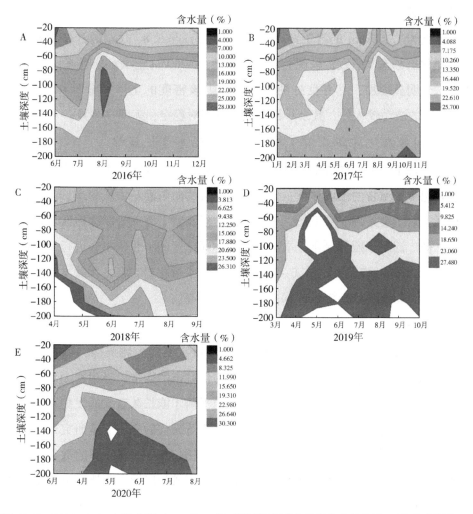

图 10-5　2016—2020 年沙冬青（3.8 株/m²）行距间土壤水分季节变化规律（见书后彩图）

层深度呈现出上低下高趋势，随土层深度增加而增加，在160~200cm深度土壤含水量明显增高，高达22%。不同年份也存在较大差异，2016年（图10-5A）的8月土壤水分丰富；2017年（图10-5B）6月和8—9月土壤水分相对丰富；2018年（图10-5C）的4—5月土壤含水丰富；2019年（图10-5D）和2020年（图10-5E）5—6月土壤含水丰富，说明不同年份土壤水分动态变化存在较大差异。

密度为1.9株/m²的沙冬青林地（图10-6）与3.8株/m²的沙冬青林地水分动态变化趋势基本一致，呈现上低下高趋势，0~60cm土壤水分匮乏，60~200cm土壤水分明显增加，具有良好的蓄水现象。该密度的土壤水分除2019年（图10-6D）的波动较大外，其余年份土壤水分相对稳定，无明显差异。

4. 园林绿化区华北紫丁香土壤水分动态变化规律

华北紫丁香为木樨科华北紫丁香属落叶灌木或小乔木，主要分布在亚热带高山、暖温带至温带的山坡林缘、林下及寒温带的向阳灌丛中。耐旱、耐寒性、抗逆性强，对土壤条件要求不严，较耐瘠薄。华北紫丁香花为冷凉地区普遍栽培的花木，被广泛用于园林绿化。本试验对园林绿化区的华北紫丁香进行水分动态监测，结果如图10-7所示，在0~200cm土层含水量相对丰富，无缺水现象，其中40~110cm深度和150~200cm深度土壤水分较高。

5. 讨论

城市园林绿化是维持和改善城市生态环境重要的生物屏障，可有效调节气候、缓解温室效应、也可提高空气湿度、降低城市的噪声、吸附粉尘和净化城市中的有害大气成分，但园林绿化需维持水土平衡才能长久有效的发挥功能，灌木作为园林绿化的先锋树种之一，在其中起着不可替代的作用。本研究通过对园林绿化区的灌木树种进行土壤水分动态分析，根据2016—2020年的数据表明，连翘林地土壤水分动态呈现上低下高趋势，但分布较为广泛，土壤水分主要集中在60cm、100cm、140cm、180~200cm土层深度；文冠果林地土壤水分呈现上高下低趋势，土壤水分主要集中在0~100cm土层深度；沙冬青的土壤水分主要集中

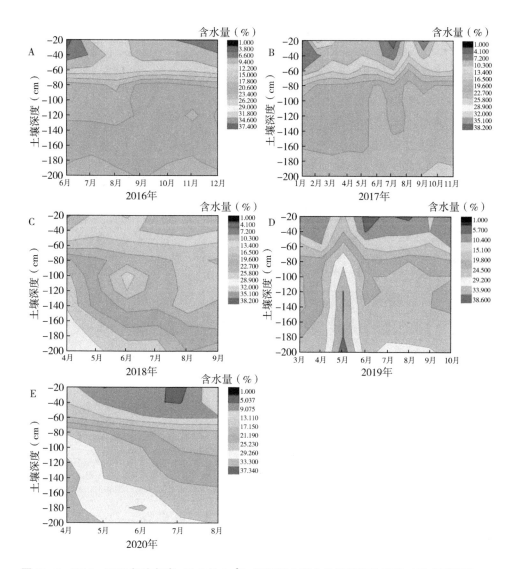

图 10-6　2016—2020 年沙冬青（1.9 株/m²）行距间土壤水分季节变化规律（见书后彩图）

在下层 160~200cm 深度；而华北紫丁香林地在 0~200cm 土层含水量相对丰富，在 40~110cm 深度和 150~200cm 深度土壤水分含量均较高。说明宁夏盐池县常

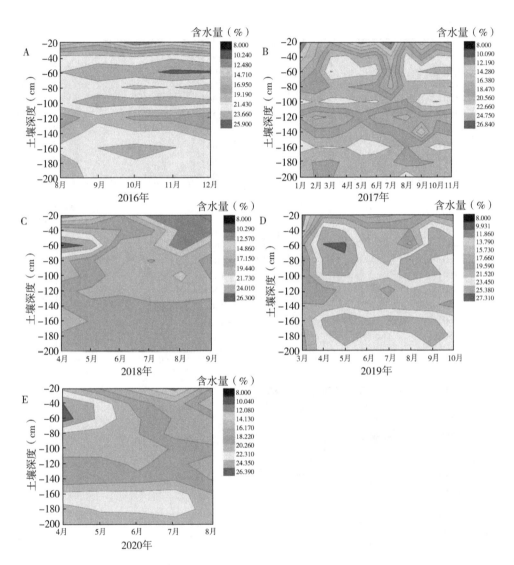

图10-7 2016—2020年华北紫丁香行距间土壤水分季节变化规律（见书后彩图）

用园林绿化灌木树种土壤水分存在明显的动态变化差异，其中连翘和华北紫丁香趋势一致，文冠果林地土壤水分主要集中在上层，沙冬青林地集中在下层。

二、不同园林绿化乔木树种土壤水分动态变化规律

1. 园林绿化区柽柳土壤水分动态变化规律

柽柳作为耐寒耐旱树种，在宁夏中部干旱带广泛种植，用于防风固沙，同时柽柳具有较高的观赏价值，一直用于北方地区的园林绿化，本次研究选择了花马寺园林绿化区的柽柳林地作为研究对象，判断成林的柽柳林地在园林区对土壤水分的影响。园林绿化区柽柳生长密度为 0.48 株/m²，2016—2020 年的监测数据表明（图 10-8），根据 2016 年（图 10-8A）、2017 年（图 10-8B）、2019 年

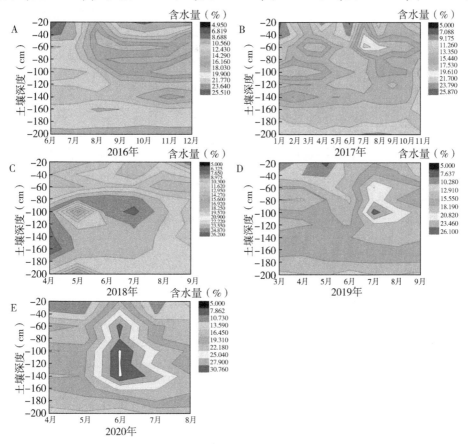

图 10-8　2016—2020 年柽柳（0.48 株/m²）行距间土壤水分季节变化规律（见书后彩图）

（图 10-8D）和 2020 年（图 10-8E）的数据证实，园林绿化区柽柳林土壤水分在 40~180cm 区域较高，在 100cm 深度含水量最高，具有明显储水功能。

2. 刺槐林地土壤水分动态变化规律

乔木树种作为园林绿化必不可少的一部分，在湿度保持和空气净化中具有重大意义，刺槐作为园林绿化树种之一，被广泛种植。本研究以花马寺的刺槐林地为研究对象，该地区刺槐以株距 2m、行距 3m 种植，生长密度为 0.2 株/m²，刺槐林行距间 2016 年（图 10-9A）、2017 年（图 10-9B）、2019 年（图 10-

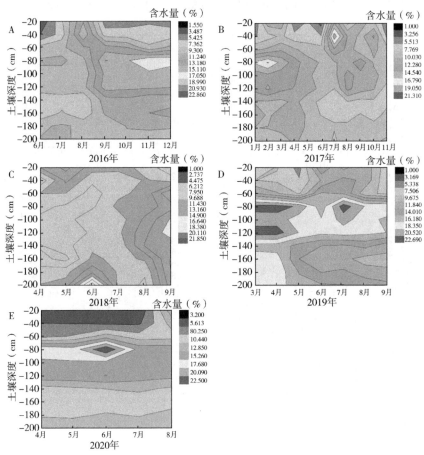

图 10-9 2016—2020 年刺槐林地 2m×3m（0.2 株/m²）行距间土壤水分季节变化规律（见书后彩图）

9D）和 2020 年（图 10-9E）的土壤水分动态图可看出，刺槐林地在 60~140cm 土层深度土壤水分较高，可有效储水，0~60cm 土壤水分匮乏，140~200cm 土壤水分相对较低。根据不同年份的动态分析发现，2016 年刺槐林地在 6—7 月土壤含水较少；2017 年 5—6 月相对较少；2018 年的 5—7 月土壤水分匮乏；2019 年和 2020 年土壤水分相对丰富。刺槐株距间的土壤水分如图 10-10 所示，其土壤水分动态变化趋势与行距间的基本一致，但是株距间的土壤水分较为稳定，各土层和各季节的土壤水分变化波动较小。

3. 旱柳林地土壤水分动态变化规律

对旱柳绿化林地进行土壤水分动态监测，该地区旱柳以株距 2m、行距 3m 种植，生长密度为 0.2 株/m²。如图 10-11 所示，2016—2020 年旱柳行距间的 0~200cm 土层土壤水分动态变化较为稳定，0~120cm 深度相对较高，140~200cm 相对较低。2016 年和 2017 年的 120~200cm 深度水分明显匮乏，2019 年和 2020 年则相对丰富，40~120cm 深度有明显蓄水。而株距间的土壤水分动态变化因人为因素，只监测了 2016—2018 年的土壤水分数据，根据数据分析表明（图 10-12），株距间的土壤水分变化与行距间存在差异，株距间的土壤水分集中在 0~160cm 土层深度，但 0~80cm 的土壤水分会亏缺和旱化至 80~160cm 深度富集，蓄水效果明显。

4. 云杉林地土壤水分动态变化规律

对绿化区的云杉林地进行土壤水分动态分析，该地区云杉以株距 2m、行距 3m 种植，生长密度为 0.2 株/m²。由图 10-13 可知，2016—2020 年云杉行距间的土壤水分在 0~200cm 土层较为丰富，根据 2016 年、2017 年、2019 年和 2020 年的数据证实，云杉林地土壤水分主要集中在 40~90cm、160~200cm 土层，60cm 和 180cm 土层具有明显蓄水。云杉林地土壤水分在降雨和人工灌溉补充后，在 60cm 土层深度储存，随着季节变化，土壤水分亏缺和旱化至 180cm 土层深度，蓄水效果较为明显。

本试验同时监测了云杉林地株距间的土壤水分变化，根据数据显示，云杉株

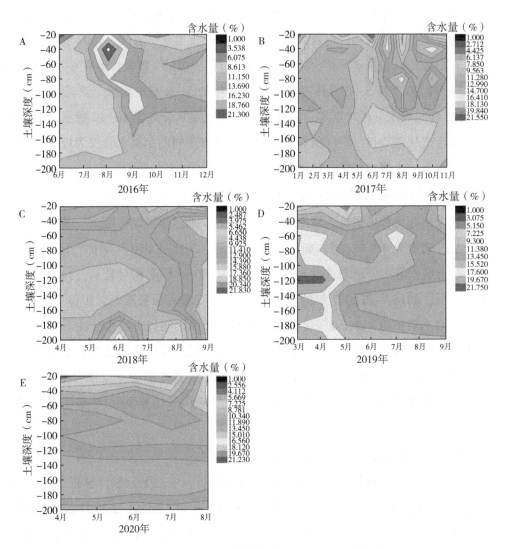

图 10-10 2016—2020 年刺槐林地 2m×3m（0.2 株/m²）
株距间土壤水分季节变化规律（见书后彩图）

距间的土壤水分变化趋势与行距间存在差异，根据 2016—2020 年的数据证实（图 10-14），云杉林地株距间的土壤水分主要集中在 0~90cm、140~180cm，在 40cm、80cm、160cm 土层深度明显蓄水，降雨后的水分会在 40cm 土层短暂储

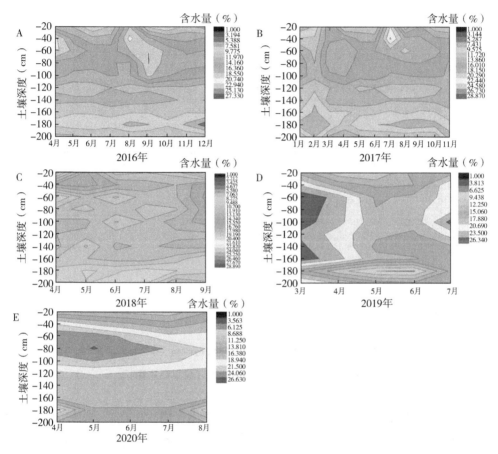

图 10-11　2016—2020 年旱柳林地 2m×3m（0.2 株/m²）
行距间土壤水分季节变化规律（见书后彩图）

存、亏缺和旱化至 80cm 土层储存，随着季节变化土壤水分亏缺和旱化至 160cm 大量储存。而行距间主要在 60cm 和 180cm 土层蓄水，株距间的土壤蓄水效果更为明显。

5. 圆柏林地土壤水分动态变化规律

园林绿化区圆柏以株距 2m、行距 2m 种植，生长密度为 0.2 株/m²，圆柏林地株距和行距一致，因此圆柏林地只布设一根 TDR 管对该林地进行土壤水分动

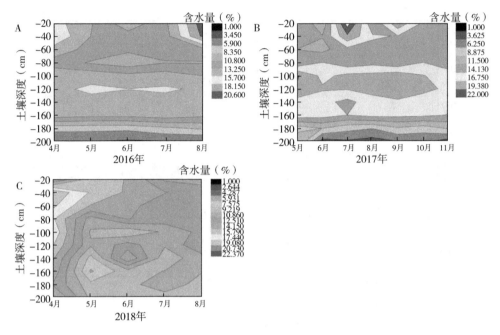

图 10-12　2016—2018 年旱柳林地 2m×3m（0.2 株/m²）株距间土壤水分季节变化规律（见书后彩图）

态监测。根据 2016—2020 年的土壤水分动态变化（图 10-15）发现，圆柏林地土壤水分呈现上高下低态势，水分主要集中在 20~120cm 土层深度，40~60cm 土层中土壤含水量最高；120~180cm 土壤含水明显减少，180~200cm 土层深度土壤水分有所增加。

6. 新疆杨林地土壤水分动态变化规律

园林绿化区新疆杨以株距 2m、行距 3m 种植，生长密度为 0.2 株/m²，如图 10-15 所示，绿化区新疆杨林地行距间的土壤水分呈现上高下低趋势，0~80cm 深度的土壤含水量较高，其中 40cm 土层土壤含水明显高于其余土层；80~200cm 土层深度土壤水分匮乏。根据不同年份的数据分析证实，2016 年（图 10-16A）的新疆杨林地在 120~170cm 土层深度含水量明显降低，以 4—8 月最为明

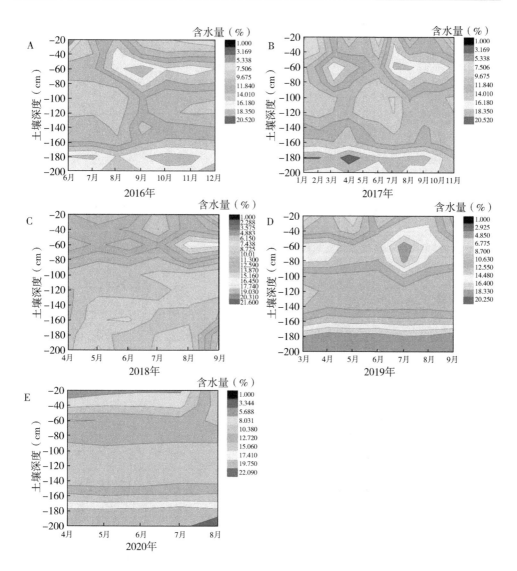

图 10-13　2016—2020 年云杉林地 2m×3m（0.2 株/m²）

行距间土壤水分季节变化规律（见书后彩图）

显，下层土壤水分明显不足；2017 年（图 10-16B）7 月在 80~160cm 土层也出现明显缺水现象；2018 年主要集中在 4 月和 8 月缺水；2019 年和 2020 年的土壤

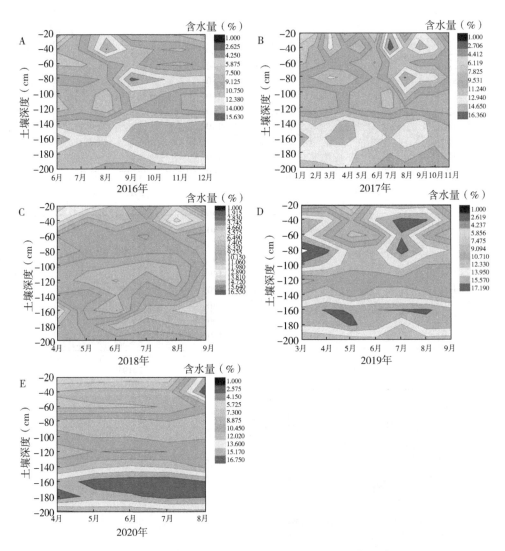

图 10-14　2016—2020 年云杉林地 2m×3m（0.2 株/m²）
株距间土壤水分季节变化规律（见书后彩图）

水分动态变化趋势一致，除 40cm 土层深度有明显蓄水外，其余土层土壤水分动态分布较为均匀。

通过株距间的土壤水分动态变化分析，如图 10-17 所示，株距间的土壤水分动态

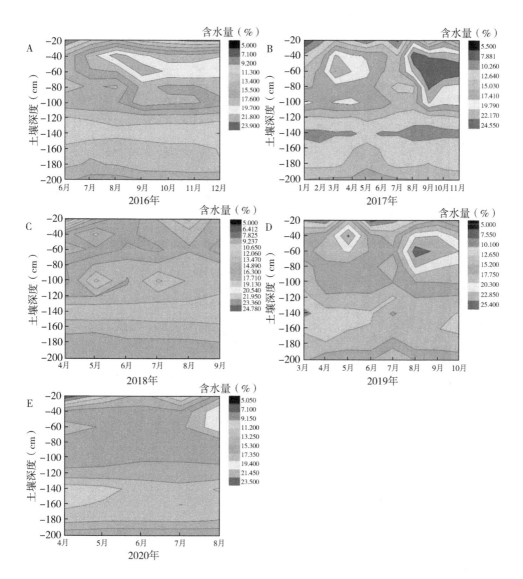

图 10-15 2016—2020 年圆柏林地 2m×2m (0.2 株/m²)

行距间土壤水分季节变化规律 (见书后彩图)

变化与行距间存在差异,2016—2020 年的数据证实,0.2 株/m²的新疆杨株距间的土壤水分呈现高—低—高趋势，在140~200cm土层深度土壤水分明显增高，与行距间存在较大差异，由此说明新疆杨林地行距间的土壤保水能力明显高于行距间。

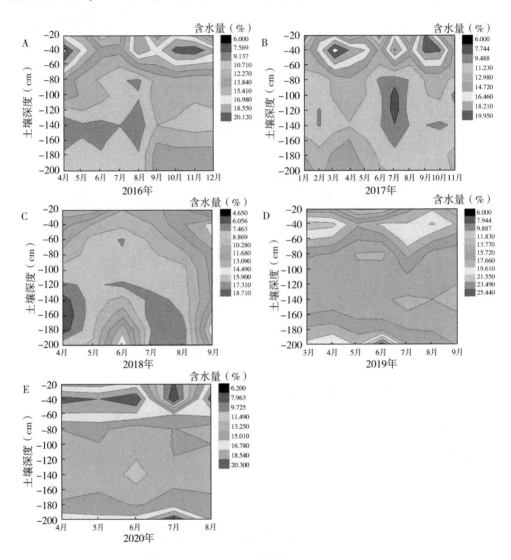

图10-16　2016—2020年新疆杨林地2m×3m（0.2株/m²）

行距间土壤水分季节变化规律（见书后彩图）

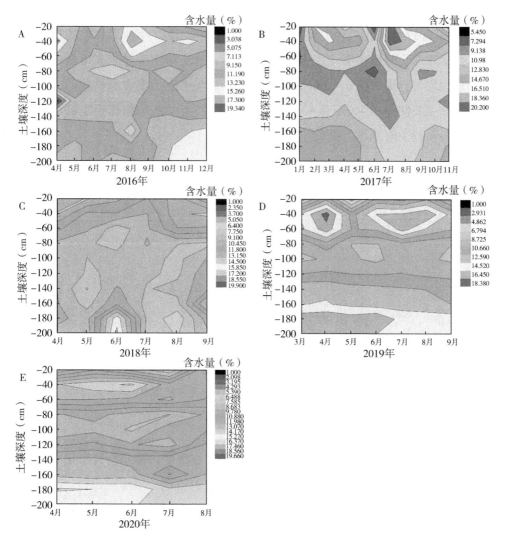

图10-17　2016—2020年新疆杨林地2m×3m（0.2株/m²）

株距间土壤水分季节变化规律（见书后彩图）

7. 沙枣林地土壤水分动态变化规律

园林绿化区沙枣以株距2m、行距3m种植，生长密度为0.2株/m²，因人为因素的影响，沙枣林地仅收集到 2016 年、2017 年和 2018 年的土壤水分数据，2016 年和 2017 年数据较为完整，通过对 2016 年和 2017 年沙枣林地的行距间土壤水分动态变化分析表明（图 10-18），沙枣林地土壤水分呈上高下低趋势，且分布较为均匀，集中在 0~160cm 土层，160~200 土层土壤含水量较低，该林地土壤水分主要储存在 40cm 和 80~100cm 土层。沙枣林地的植株间土壤水分动态变化趋势与行距间基本一致。

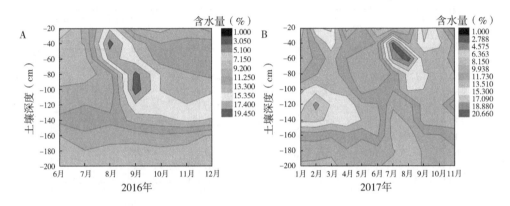

图 10-18　2016—2017 年沙枣林地 2m×3m（0.2 株/m²）

行距间土壤水分季节变化规律（见书后彩图）

8. 讨论

乔木树种作为园林绿化必不可少的一部分，在湿度保持和空气净化中具有重大意义。本研究通过对园林绿化区相同生长密度的刺槐、旱柳、云杉、圆柏、新疆杨和沙枣林地进行土壤水分动态变化分析表明，不同树种在生长过程中的土壤水分平衡存在较大差异，刺槐和沙枣林地的土壤水分主要集中在 60~140cm 土层、14cm 土层水分较少；而旱柳和圆柏林地主要集中在 0~100cm 土层；云杉和新疆杨林地则呈现出高—低—高趋势，水分集中在 0~80cm，160~200cm 土层；柽柳林地的土壤水分主要集中在 40~180cm 中层。不同乔木树种的土壤水分动态差异较大，其原因主要是不同乔木树种根系分布和生长习性的差异所致。

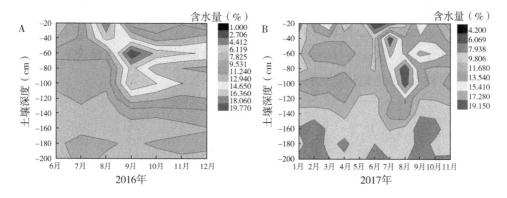

图 10-19 2016—2017 年沙枣林地 2m×3m（0.2 株/m²）

株距间土壤水分季节变化规律（见书后彩图）

第二节 园林绿化区不同立地类型土壤水分差异性研究

一、不同园林绿化灌木树种土壤水分变化规律

1. 园林绿化区连翘林地土壤水分差异性分析

连翘作为园林景观植被之一，因其生长特性而广泛用于西北地区的园林绿化，本部分通过对宁夏中部干旱带盐池县花马寺生态园的不同密度连翘进行土壤水分统计分析，连翘以株距 1m、行距 1m 种植，生长密度为分别为 1.45 株/m²（连翘 1m×1m）和 1.0 株/m²（连翘稀 1m×1m）。如图 10-20 所示，2016 年（图 10-20A）1.45 株/m² 的连翘林地土壤全年平均含水量为 15.21%、1.0 株/m² 的连翘林地土壤全年平均含水为 22.97%；2017 年（图 10-20B）分别为 14.97%、21.98%；2018 年（图 10-20C）为 13.83%、19.86%；2019 年（图 10-20D）为 15.06%、24.22%；2020 年（图 10-20E）为 17.85%、24.61%。数据分析表明，相同密度的连翘在 2016—2020 年的土壤全年平均含水量呈现出先降低后升高趋势，2016—2018 年土壤水分逐渐减少，2019—2020 年土壤水分逐渐增加，但趋

势无显著性差异。该林地土壤含水量相对稳定，但不同生长密度的连翘林地土壤含水存在极显著差异，根据图 10-20 可知，1.0 株/m² 的连翘林地土壤全年含水量明显高于 1.45 株/m²，具有极显著性差异。由此说明相同种植模式下，生长密度为 1.0 株/m² 的连翘林地更利于土壤水分的保持。

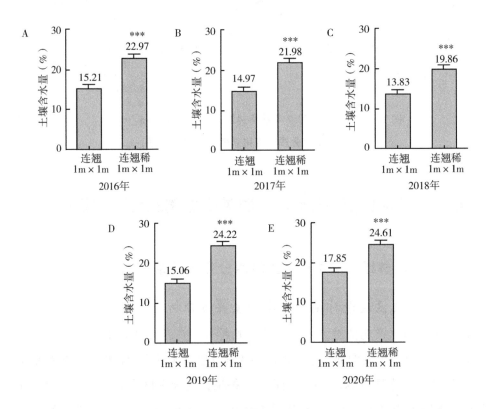

图 10-20 宁夏干旱风沙区盐池县园林绿化区连翘不同密度土壤水分差异性分析

2. 园林绿化区文冠果林地土壤水分差异性分析

本部分对园林绿化区两种不同密度的文冠果进行土壤水分分析，根据图 10-21 数据显示，2016 年（图 10-21A）0.72 株/m² 的文冠果林地土壤全年平均含水为 16.35%，0.36 株/m² 的文冠果林地土壤全年平均含水为 17.49%；2017 年（图 10-21B）为 16.54%、16.55%；2018 年（图 10-21C）13.92%、13.62%；

2019 年（图 10-21D）17.36%、18.99%；2020 年（图 10-21E）为 20.62%、20.90%。两种密度的文冠果土壤全年平均含水量基本保持一致，无显著性差异。

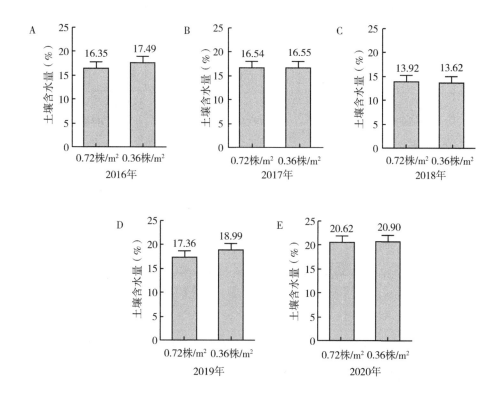

图 10-21　宁夏干旱风沙区盐池县园林绿化区文冠果不同密度土壤水分差异性分析

3. 园林绿化区沙冬青林地土壤水分差异性分析

园林绿化区两种不同密度的沙冬青进行土壤水分分析，根据图 10-22 数据显示，2016 年（图 10-22A）3.8 株/m² 的沙冬青林地土壤全年平均含水为 18.20%、1.9 株/m² 的沙冬青林地土壤全年平均含水为 17.80%；2017 年（图 10-22B）为 18.88%、19.14%；2018 年（图 10-22C）为 18.21%、18.40%；2019 年（图 10-22D）为 20.36%、21.99%；2020 年（图 10-23E）为 20.27%、22.32%。两种密度的沙冬青土壤全年平均含水量基本保持一致，无显著性差异。

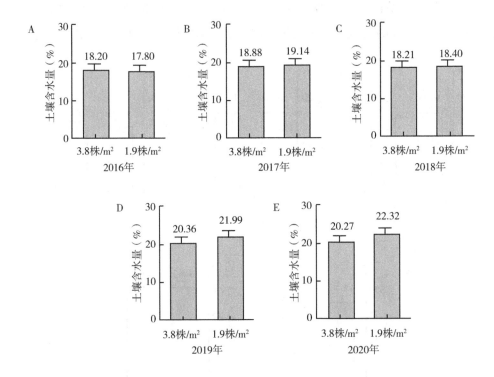

图10-22 宁夏干旱风沙区盐池县园林绿化区沙冬青不同密度土壤水分差异性分析

4. 园林绿化区华北紫丁香林地土壤水分差异性分析

华北紫丁香作为景观植被常见灌木树种，在花马寺生态园仅有一种密度种植，本研究对该密度华北紫丁香林地的土壤全年平均含水量分析表明（图10-23），2016—2020年华北紫丁香林地各年份平均含水量分别为21.20%、20.99%、17.32%、21.29%、20.51%。通过数据可以看出2016年、2017年、2019年、2020年土壤水分基本一致，2018年含水量有所降低。

5. 园林绿化区柽柳林地土壤水分差异性分析

对园林绿化区生长密度为0.48株/m²的柽柳林地土壤全年平均含水量分析表明（图10-24），2016—2020年柽柳林地各年份平均土壤含水量分别为12.87%、

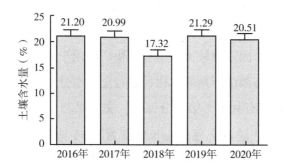

图 10-23 宁夏干旱风沙区盐池县园林绿化区华北紫丁香土壤水分差异性分析

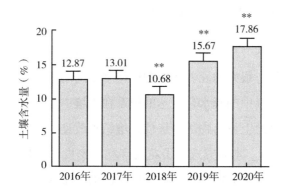

图 10-24 宁夏干旱风沙区盐池县园林绿化区柽柳土壤水分差异性分析

13.01%、10.68%、15.67%、17.86%。数据表明，2016—2020 年柽柳林地土壤全年平均含水量呈现出先减少后增加趋势，2016 年和 2017 年土壤含水量基本一致，2018 年土壤水分明显匮乏，与 2016 年和 2017 年相比具有显著性差异，2019年和 2020 年土壤水分逐渐增高，明显高于 2016—2018 年的全年平均含水量，具有显著性差异。

6. 讨论

大量试验表明，结构良好的城市绿地，降水时很少或不产生地表径流，无林地则降水稍多就形成地表径流，易造成水土流失（刘世荣等，1996）。树木在拦蓄降水、涵养水源、减少地表水土流失、提高土壤蓄水和降水利用率等方面具有巨大的水文效益。灌木因冠幅较大、生长较快广泛用于园林绿化。本部分通过对宁夏盐池县花马寺生态园的不同灌木树种进行土壤水分差异性分析发现，生长密度为 1.0 株/m²的连翘有利于土壤水分保持。文冠果和沙冬青不同生长密度的土壤水分无显著性差异，建议文冠果生长密度为 0.36 株/m²；沙冬青生长密度为 1.9 株/m²。华北紫丁香和柽柳虽然仅有一种生长密度，且不同灌木密度存在差异，但根据土壤水分数据表明，华北紫丁香林地土壤水分充足，柽柳林地土壤水分相对充足，对园林绿化建设具有较大参考价值。

二、不同园林绿化乔木树种土壤水分变化规律

一直以来，以乔木为主的绿地具有良好的地表覆盖、发达的植物根系及良好的土壤渗透体系，具有很好的涵养水源和保持水土的功能。乔木的树冠浓密、宽广，能有效地吸纳大气中的降水。发达的根系在土壤中形成大量有利于水分渗透的非毛管孔隙，加之地上枯落物的分解使土壤结构改良，土壤的持水、透水性增强（刘世荣等，1996）。本研究选择了花马寺相同密度的不同乔木树种进行土壤水分差异性分析，对比不同树种行距间和植株间的土壤含水量，分析不同乔木树种在园林绿化中的重要作用。

1. 不同乔木树种行距间土壤水分差异性分析

花马寺绿化区的沙枣、云杉、刺槐、新疆杨、圆柏、旱柳生长密度一样，通过对不同乔木行距间的土壤水分数据分析表明，不同乔木树种相同生长密度的土壤含水量存在差异，如图 10-25 所示，2016 年（图 10-25A）沙枣林地含水量为11.47%，云杉林地含水量为 12.65%，刺槐林地含水量为 9.44%，新疆杨林地含水量为 11.95%，圆柏林地含水量为 14.25%，旱柳林地含水量为 12.94%。沙枣和新疆杨林地土壤含水量基本一致，云杉和旱柳林地土壤含水量基本一致，刺槐林地的土壤含水量明显降低，且显著性差异，圆柏土壤含水量最高，与其余乔木

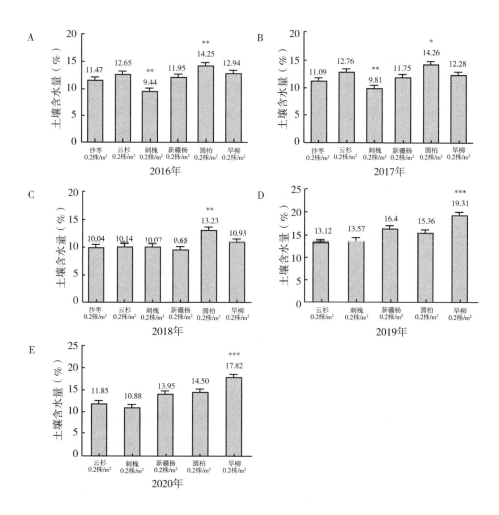

图 10-25　宁夏干旱风沙区盐池县园林绿化区不同乔木林地

行距间土壤水分差异性分析

树种具有显著性差异。2017 年不同乔木树种的土壤水分变化趋势与 2016 年一致；2018 年沙枣、云杉、刺槐、新疆杨和旱柳林地土壤水分基本一致，圆柏林地的土壤水分具有显著性差异；2019 年沙枣数据缺失，云杉、刺槐、新疆杨、圆柏林地土壤水分基本一致，旱柳土壤水分明显增加，具有极显著性差异；2020年的变化趋势与2019年基本一致。

2. 不同乔木树种株距间土壤水分差异性分析

本研究同时对相同密度乔木树种的植株间进行土壤水分差异性分析，数据如图10-26所示，2016年沙枣和刺槐土壤水分基本一致（图10-26A），云杉、新疆杨和旱柳林地基本一致，圆柏林地土壤水分较高。2017年（图10-26B）刺槐林地水分较低，与云杉和新疆杨基本一致，圆柏和旱柳林地明显高于其余乔木树种，且差异显著。2018年圆柏具有显著性差异（图10-26C）；2019年沙枣数据缺失，旱柳林地土壤水分具有极显著差异；2020年沙枣和旱柳的株距间的土壤水分数据缺失，圆柏与其余乔木树种具有显著性差异。

3. 讨论

树木作为城市生态系统的生物有机体，在发挥自身巨大生态系统功能的同时，为了维持其正常的生存和更新，需要一定的水量以支持生态系统物质和能量的正常循环（马履一，1995；陈灵芝，1997）。Wullschleger（1998）综合了以往30年中有关树木单株耗水量的测定结果，发现单株日耗水量从法国东部栎林的10kg，到亚马孙雨林林冠上层木的1 180kg，35个属65个树种中的90%（平均树高21m）日耗水量在10~200kg。树木耗水在整个绿地水量平衡系统中占有相当大的比重，植株蒸腾耗水在水量平衡中所占的比例随着干燥系数的增大和单位面积绿量的增大而提高，有时甚至超过当年降水量（Pataki and Calder，1998）。因此土壤水分的保持和稳定在园林绿化中具有重大意义，本研究对相同种植模式和相同生长密度的沙枣、云杉、刺槐、新疆杨、圆柏、旱柳进林地行土壤水分差异性分析，在相同林龄、相同密度下，圆柏和旱柳林地土壤水分明显高于其余4种乔木，可有效保持园林绿化的水土失衡，而刺槐林地的土壤含水量则明显较低。由此可见，在宁夏干旱风沙区园林绿化建设中，圆柏、旱柳、云杉林地土壤水分消耗较慢，新疆、刺槐为抗旱速生树种，生长较快，耗水较多，土壤水分消耗较快。

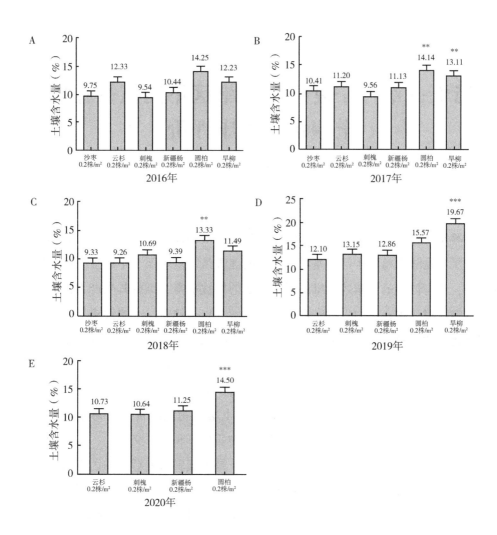

图 10-26 宁夏干旱风沙区盐池县园林绿化区不同乔木林地

株距间土壤水分差异性分析

第十一章 宁夏中部干旱区不同植被林地土壤水分健康评价

　　土壤是发育于地球陆地表面能够为植物生长发育提供必需养分和水分的疏松多孔表层，是陆生植物生活的基质。土壤的健康是宁夏中部干旱区生态修复的必要条件，只有健康的土壤才能维持干旱地区的植被平衡，维持其生产力，促进干旱地区的环境改善，从而保障宁夏中部干旱带的生态健康。土壤健康主要表现在土壤理化性状优越、土壤营养丰富、土壤生物活跃、土壤水分和空气含量适宜和生态系统健康稳定等几个方面。土壤中生活着丰富的生物类群，是一个重要的地下生物资源库，健康土壤的土壤生物种类丰富，动植物和微生物多样，土壤生物代谢活跃、功能强劲、土壤酶及其活性高、土壤生物量丰富、食物链结构合理等，能有效维持土壤生态系统的能量流动、物质循环和信息交换。

　　而土壤水分是土壤重要的组成部分之一，是土壤肥力最活跃的因素之一，是土壤健康的基础。土壤水分是作物吸水的最主要来源，也是自然界水循环的一个重要环节。土壤水分的改变会影响植被生长和生态平衡，对植物的生长和发育、土壤肥力的形成和演变以及高等植物的营养供应状况均有重要作用。土壤水分的变化受到土壤结构、土壤矿物质、土壤有机质、植被密度、光照强度等因素的影响。土壤是一个疏松多孔体，其中布满着直径 0.001~0.1mm 的毛管孔隙。毛管孔隙对土壤水分具有存储作用，可以有效地保持土壤水分平衡，而存在于土壤毛管孔隙中的水分能被作物直接吸收利用。土壤水分的重要指标为土壤含水量，又称为土壤湿度等。土壤含水量有多种表达方式，如质量含水量、容积含水量、田间持水量和相对含水量等。本次研究则以相对含水量作为土壤水分的衡量指标，相对含水量是指土壤含水量占田间持水量的百分数，是农业生产上常用的土壤含水量表示方法。

本章以宁夏不同地区的不同植被林地为研究对象，以 TDR 检测方法监测不同立地类型土壤含水量，探究不同植被类型的土壤水分健康状况。以半流动沙丘、放牧草地和封育草地为对照，探究宁夏中部干旱带常见灌木树种和乔木树种的土壤水分健康情况，通过对 2016—2020 年统计的不同林地间土壤含水量变化情况，分析不同林地全年平均含水量，并通过聚类分析探究不同生长密度和不同生长类型的灌木林地和乔木林地与对照林地（半流动沙丘、放牧草地、封育草地）的土壤水分差异，以此对不同林地的土壤水分进行健康评价，挖掘不同密度的林地对生态修复、防风固沙的作用和生态学意义。

第一节　宁夏中部干旱区灌木林地土壤水分健康评价

近年来，宁夏中部干旱区大量种植抗旱灌木，用于防风固沙和土壤修复，灌木分布面积较大，具有重要的生态意义。其中以柠条、沙蒿、杨柴、沙柳四种灌木最为常见。本章选择宁夏中部干旱带已成林的柠条、沙蒿、杨柴和沙柳林地为研究对象，其中包括生长密度为 0.08 株/m²、0.12 株/m²、0.16 株/m²、0.56 株/m²、0.76 株/m² 的柠条林地；生长密度为 1.4 株/m² 和 4.69 株/m² 杨柴林地；生长密度为 0.2 株/m²、0.28 株/m²、2.12 株/m² 花棒林地；生长密度为 0.4 株/m² 和 1.48 株/m² 的沙柳林地；生长密度为 1.04 株/m² 和 5.68 株/m² 的沙蒿林地。通过收集 2016—2020 年不同灌木林地在 0~200cm 土层深度的土壤含水量并统计分析各林地类型的全年土壤水分变化。以宁夏中部干旱带的半流动沙丘、放牧草地和封育草地作为对照，通过聚类分析，分析不同种植密度、不同灌木类型的土壤水分健康情况。

一、灌木纯林地土壤水分健康评价

由第五章可知宁夏中部干旱带灌木种植多以行带种植为主，株距多以 1m 较多，但行距存在差异。通过对不同密度的灌木进行 5 年（2016—2020 年）的全年平均含水量统计，如图 11-1 的热图显示，半流动沙丘、放牧草地和封育草地作为对照，3 种干旱地区常见基本立地类型的土壤全年含水量无明显差异。生长密度为 0.12 株/m² 和 0.16 株/m² 的柠条林地土壤水分与对照基本无差异，土壤含水量较高，0.08 株/m² 柠条林地土壤水分明显较高；生长密度为 1.04 株/m² 的沙蒿林地土壤含水量明显高于对照林地和其余灌木林地，具有明显的蓄水现象。而密度较大的沙蒿林地（5.68 株/m²）土壤水分较少，随着时间的延长，土壤水分明显降低，尤其以 2019—2020 年最为明显。生长密度为 0.76 株/m² 的柠条林地、

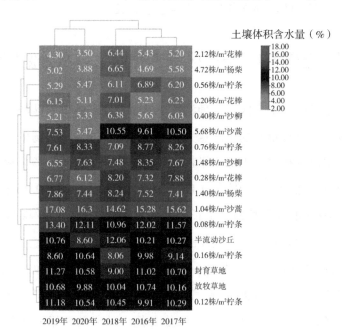

图 11-1　宁夏干旱区不同灌木林地林带间土壤水分健康分析（见书后彩图）

1.47 株/m² 的沙柳林地、0.28 株/m² 的花棒林地、1.40 株/m² 的杨柴林地 5 年来的土壤含水量稍低于对照林地，存在少量缺水现象，土壤水分健康受到影响。而 2.12 株/m² 的花棒林地、4.72 株/m² 的杨柴林地、0.2 株/m² 的花棒林地、0.56 株/m² 和 0.4 株/m² 的柠条林地，土壤含水量则明显低于其余密度的灌木林地，蓄水能力明显低于对照林地，土壤水分缺失，不利于干旱地区的水源涵养。

本章同时对灌木的株距间进行了土壤水分健康评价，如图 11-2 所示，不同密度，不同灌木的土壤水分变化情况与行距间的基本一致，综合灌木林地行距间的土壤健康分析表明，柠条和沙蒿作为耐旱植被，在宁夏中部干旱带可有效防风固沙，保持土壤水分，具有较好的蓄水能力，而沙柳和花棒的水分消耗量明显大于柠条和沙蒿。柠条和沙蒿虽然蓄水能力较强，但与生长密度具有较大关联，其中柠条以 0.08 株/m²、0.12 株/m²、0.16 株/m² 生长密度最为适宜，而沙蒿以

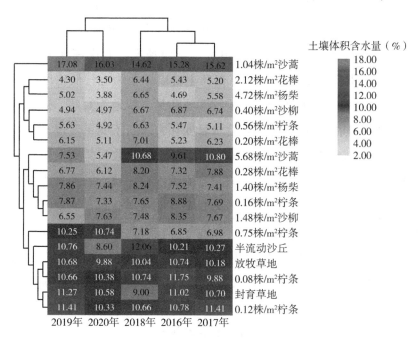

图 11-2　宁夏干旱区不同灌木林地植株间土壤水分健康分析（见书后彩图）

1.04 株/m²的密度生长最为适宜，且土壤蓄水量明显高于其余灌木。结合第五章对不同密度的种植模式描述，柠条以株距1m、一行带状、行间距4m 种植；株距1m、一行带状、行间距6m 种植；株距1m、两行带状、行距8m 种植；3 种模式种植均可有效保持水土平衡，但以株距1m、一行带状、行间距4m 种植的柠条成林地最佳。沙蒿多以散播为主，根据生物多样性调查和土壤水分含量分析，沙蒿以 1.04 株/m²的密度生长最佳，可有效减少土壤水分丢失，且蓄水功能明显强于对照林地。

二、灌木混交林地土壤水分健康评价

试验调查中发现，宁夏中部干旱区存在不同密度的灌木混交林，其中主要以沙蒿、柠条、杨柴、花棒、沙打旺+柠条混播、沙木蓼、沙柳等为主，适合干旱地区生长的不同植被混合种植成林，形成了具有多样性的生态防风固沙林。本次试验选择了高密度、中密度和低密度混交林作为研究对象，探究2016—2020 年不同密度混交林的土壤水分健康情况，其中高密度混交林主要以沙打旺+柠条混播为主，中密度混交林主要以柠条为主，低密度混交林主要以杨柴为主。试验以半流动沙丘、放牧草地和封育草地为对照，通过热图分析并聚类，探究不同密度混交林土壤含水量变化，判断不同密度混交林的土壤水分健康状态。试验结果如图 11-3 所示，通过 5 年的数据监测表明，以沙蒿为主的低密度灌木混交林土壤水分健康与半流动沙丘一致，以柠条为主的中密度灌木混交林土壤水分健康与放牧草地和封育草地基本一致，而以沙打旺为主的高密度灌木混交林土壤水分明显低于对照林地，由此说明，以沙蒿为主的低密度灌木混交林和以柠条为主的中密度灌木混交林土壤水分健康状态与对照林地基本一致，而以沙打旺+柠条混播为主的灌木混交林土壤水分健康状态与对照组相比较差，土壤水分流失严重，水分健康明显受到影响，因此在后续混交林的种植中，建议以沙蒿和柠条作为主要灌木树种。

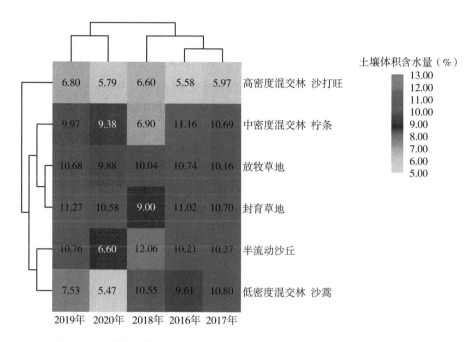

图 11-3 宁夏干旱区不同灌木混交林土壤水分健康分析（见书后彩图）

第二节 宁夏中部干旱区乔木林地土壤水分健康评价

随着近年来造林工作的开展，乔木在宁夏干旱区的防风固沙和土壤改善中发挥重大作用，其中耐旱植物樟子松、榆树、小叶杨、新疆杨等作为先锋树种，在宁夏中部干旱带大面积种植且已成林，尤其以樟子松最多。本次试验则以半流动沙丘、放牧草地和封育草地作为对照，研究不同密度、不同乔木树种的植株间和行带间的土壤水分健康情况。

乔木在造林中行距和株距鲜明，根据第九章数据分析显示，不同乔木林地在株距和行距间的土壤含水量存在差异，本部分以行距间的土壤水分为研究对象，探究 2016—2020 年不同乔木行距间土壤水分健康情况。如图 11-4 所示，0.05 株/m² 的榆树林地和 0.12 株/m² 的樟子松林地土壤水分健康状态虽然在 2018—

2020年稍低于对照林地，但5年的数据显示，0.05株/m²的榆树林地和0.12株/m²的樟子松林地土壤水分与对照林地相比无显著差异；0.04株/m²的和0.08株/m²的小叶杨林地土壤水分明显高于对照林地，土壤水分健康状态良好。而0.02株/m²、0.04株/m²、0.08株/m²的樟子松林地和0.08株/m²的榆树林地以及0.08株/m²的新疆杨林地土壤水分健康状态明显低于对照林地。因此，从乔木林地行距间的土壤水分分析，小叶杨和樟子松可作为优势树种用于宁夏中部干旱带的防风造林且成林后土壤水分健康状态较好，但小叶杨需以0.04株/m²的密度种植成林，樟子松以0.12株/m²的种植密度成林。榆树成林地的土壤水分健康次之，0.05株/m²的密度种植成林与对照林地无较大差异，而新疆杨成林地耗水较大，土壤水分明显缺失。上述行距间的土壤水分健康趋势在不同乔木的植株间的变化趋势更为显著（图11-5）。

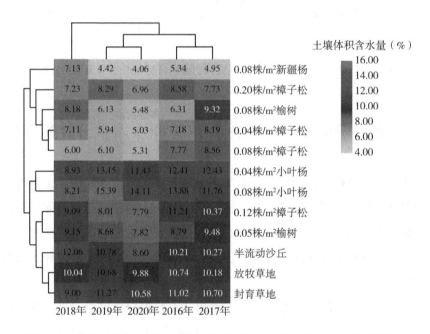

图 11-4　宁夏干旱区不同乔木林地行间土壤水分健康分析（见书后彩图）

综上所述，樟子松、小叶杨和榆树均可以作为干旱地区常见乔木树种，小叶

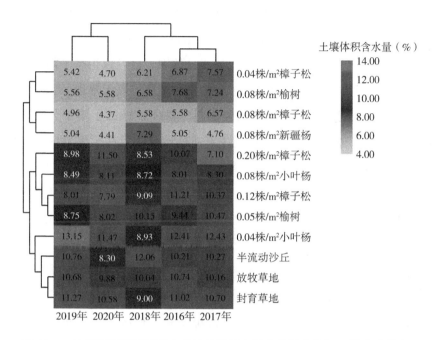

图11-5　宁夏干旱区不同灌木林地植株间土壤水分健康分析（见书后彩图）

杨成林后的土壤水分健康状态最好，且以 0.04 株/m² 的密度种植成林，樟子松需以 0.08 株/m² 的种植密度成林、榆树需以 0.05 株/m² 的密度种植成林。结合第六章对不同人工乔木树种种植模式的论述，小叶杨在种植时应以株距 5m、行距 5m 的种植模式成林，樟子松在种植时应以株距 3m、行距 5m 成林，榆树则以株距 4m、行距 5m 的种植模式成林，效果最佳，且土壤水分健康状态得以维持并改善。

第三节　主要结论与讨论

土壤健康是生态稳定的主要因素，而土壤健康主要体现在土壤水分、土壤结构、土壤成分等方面。土壤水分作为土壤重要的组成部分，是土壤肥力最活跃的因素之一，是土壤健康的基础，土壤水在土壤中的保持主要是土粒和水界面上的吸附力，以及在土壤孔隙内土壤固体表面、水和空气界面上的毛管力。土壤水是植物吸水的最主要来源，通过植物根系将土壤水运输到植株以满足其正常生长，也是自然界水循环的一个重要环节。土壤水分的缺失会导致生态平衡失调，植株供水不够大面积死亡，从而影响土壤成分的变化。而宁夏干旱地区土壤水分的重要性最为显著，长期的干旱和土壤结构的单一性使该地区土壤水分变化波动较大，随着近20年来的植树造林，环境生态有所改变。但在干旱地区植物的水分消耗明显高于其余地区，受日照和蒸腾作用的影响，土壤水分流失较为严重。因为随着宁夏中部干旱带造林地的成林，不同成林地中土壤水分的变化成为主要关注目标，不同立地类型的土壤水分是否可维持该成林地的生态平衡成为我们探究的课题。

在实际考察和研究中发现，宁夏中部干旱带从植被类型划分，主要有灌木和乔木两种，其中灌木以柠条、沙蒿、沙柳、杨柴等为先锋植物，在宁夏中部干旱带大面积种植，尤其以柠条居多；乔木以樟子松、榆树、小叶杨、新疆杨、圆柏、山杏等为先锋树种，大面积种植用于防风固沙和水土保失。大部分树种已成林并发挥重要作用。本次研究则以不同树种为研究对象，探究不同立地类型的土壤水分健康情况。试验以宁夏干旱地区常见立地类型半流动沙丘、放牧草地和封育草地为对照，以土壤含水量为主要参数，分别监测了自然林地、新造林地和园林绿化林地的土壤水分在不同季节和不同土层深度的变化，从不同树种、不同种植密度、不同种植模式分析不同立地类型的土壤水分健康情况。

作为对照林地的半流动沙丘、放牧草地和封育草地3种类型的土壤水分在5年的监测中不存在显著性差异，可作为宁夏中部干旱带的对照林地探究不同植被的水分健康情况。但根据5年的监测结果表明，3种林地虽无显著性差异，但土壤含水量呈现出半流动沙丘<放牧草地<封育草地，且半流动沙丘与放牧草地土壤含水量相差较小。由此说明，宁夏干旱风沙区放牧等人为因素的破坏会导致该地区生物多样性减少，土壤含水量减少，与半流动沙丘相差无异，而封育草地在自然条件下会达到新的生态平衡，保持土壤水分的同时，丰富该地区的物种多样

性且改善土壤，对于干旱区自然植被的生态恢复应以禁牧为主。

通过对柠条、杨柴、花棒、沙柳、沙蒿 5 种灌木树种成林地进行土壤水分健康评价。5 种生长密度的柠条，以 0.08 株/m² 生长的柠条林地土壤含水量最高，0.12 株/m² 次之，随着柠条生长密度增加，土壤含水量减少；尤其以柠条退耕还林地（0.56 株/m²）最为明显，随着生物多样性增加，地表植被覆盖面积增大，蒸腾作用较大，土壤含水减少。杨柴的生长密度为 1.4 株/m² 更有利于杨柴对干旱风沙区的生态修复和水土改良；花棒的生长密度为 0.28 株/m² 有利于风沙区的土壤保持水分；生长密度为 1.48 株/m² 的沙柳林土壤含水量较高；而 1.04 株/m² 可作为宁夏中部干旱带的沙蒿林地最佳生长密度，可有效保持土壤水分。

在不同乔木成林地的监测中证实，樟子松、榆树、新疆杨和小叶杨 4 种典型的耐旱乔木树种中，从土壤水分分析樟子松具有耗水少的特点，在一定程度上可保证土壤水分稳定且防风固沙。榆树和小叶杨林地均有一定的蓄水功能，可在一定程度上减少水土流失，尤其以小叶杨最为明显。而新疆杨林地耗水严重。这一结论在新造林地中也得以证实，新造林以樟子松和榆树为主有利于荒漠化地区的土壤水分动态平衡。

综上所述，宁夏干旱风沙区自然地貌在封育情况下可有效维持土壤水分平衡；灌木林地应以柠条和沙蒿作为主要造林树种，这一结论在成林的灌木林地和混交林中均得以证实，较低密度的柠条，以及人工种植或天然封育的沙蒿林耗水量较少，在减少水分流失的基础上有效地防风固沙并改善生态。结合种植模式的论述，柠条以株距 1m、一行带状行间距 4m 种植的柠条成林地最佳，成林密度为 0.08 株/m²。沙蒿应以 1.04 株/m² 的密度生长最佳，可有效减少土壤旱化。乔木树种则根据已成林的乔木林地和新造林地证实，以樟子松、榆树和小叶杨为主。株行距分别以 3m×5m、4m×5m、5m×5m 的种植模式效果较好。

参考文献

陈晶，2015. 干旱风沙区不同植被恢复模式生态效应研究 ［D］. 银川：宁夏大学.

蔡庆空，李二俊，陶亮亮，等，2018. PROSAIL 模型和水云模型耦合反演农田土壤水分 ［J］. 农业工程学报，34（20）：117-123.

曾强，李培，倪洋，等，2018. 天津市大气可吸入颗粒物与循环系统疾病负担关系的研究 ［J］. 中华心血管病杂志，46（1）：50-55.

曾强，李国星，张磊，等，2015. 大气污染对健康影响的疾病负担研究进展 ［J］. 环境与健康杂志，32（1）：85-90.

陈家宙，陈明亮，何圆球，2001. 各具特色的当代土壤水分测量技术 ［J］. 湖北农业科学（3）：25-28.

陈丽华，鲁绍伟，张学培，等，2008. 晋西黄土区主要造林树种林地土壤水分生态条件分析 ［J］. 水土保持研究（1）：79-82，86.

陈书林，刘元波，温作民，2012. 卫星遥感反演土壤水分研究综述 ［J］. 地球科学进展，27（11）：1192-1203.

陈雅真，梁小翠，闫文德，2019. 长沙市大气颗粒物 PM2.5 和 PM10 的时空分布特征 ［J］. 林业与环境科学，35（3）：13-18.

成向荣，黄明斌，邵明安，2007. 基于 SHAW 模型的黄土高原半干旱区农田土壤水分动态模拟 ［J］. 农业工程学报（11）：1-7.

程慧波，2016. 兰州市主城区大气颗粒物污染特征和健康风险研究 ［D］. 兰州：兰州大学.

崔建国，2012. 黄土半干旱区林木水分生理特性与土壤水分关系研究 ［D］. 北京：北京林业大学.

崔向慧，2010. 干旱半干旱沙区人工植被与土壤水分环境相互作用关系研究进展 ［J］. 世界林业研究，23（6）：50-54.

戴永立，陶俊，林泽健，等，2013. 2006—2009 年我国超大城市霾天气特征及影响因子分析 ［J］. 环境科学，34（8）：2925-2932.

丁建丽，姚远，2013. 干旱区稀疏植被覆盖条件下地表土壤水分微波遥感估算 ［J］. 地理科学，33（7）：837-843.

董娅玮，杜新黎，李扬扬，等，2015. 西安市区大气中 PM2.5 和 PM10 质量浓度污染特征 ［J］. 中国环境监测，31（3）：45-49.

韩军彩，陈静，钤伟妙，等，2016. 石家庄市空气颗粒物污染与气象条件的关系 ［J］. 中国环境监测，32（2）：31-37.

郝宝宝，艾宁，贾艳梅，等，2020. 毛乌素沙地南缘不同植被类型土壤水分特征 ［J］. 干旱区资源与环境，34（5）：196-200.

侯飙，毕文泽，齐贵滨，2011. 哈尔滨市 PM10 污染与气象条件分析 ［J］. 黑龙江气象，28（3）：13-15.

胡蝶，郭铌，沙莎，等，2015. Radarsat-2/SAR 和 MODIS 数据联合反演黄土高原地区植被覆盖下土壤水分研究 ［J］. 遥感技术与应用，30（5）：860-867.

胡猛，冯起，席海洋，2013. 遥感技术监测干旱区土壤水分研究进展 ［J］. 土壤通报，44（5）：1270-1275.

黄善斌，李本轩，王文青，2020. 济南 PM2.5 质量浓度与气象条件相关性初步研究 ［J］. 海洋气象学报，40（1）：90-97.

贾小芳，颜鹏，董理，等，2018. 2013—2016 年北京朝阳站 PM2.5 质量浓度

变化特征 [J]. 气象, 44 (11): 1489-1500.

蒋轶伦, 2011. 中国城市典型大气污染物的来源、形成机制及其对大气质量和近海生产力的影响 [D]. 上海: 复旦大学.

金曼, 田璐, 佟俊旺, 等, 2016. 我国大气 PM10 污染对人群死亡率影响的 meta 分析 [J]. 环境与健康杂志, 33 (8): 725-729.

孔金玲, 李菁菁, 甄珮珮, 等, 2016. 微波与光学遥感协同反演旱区地表土壤水分研究 [J]. 地球信息科学学报, 18 (6): 857-863.

李彩霞, 朱国强, 李浩, 等, 2015. 长沙市 PM2.5、PM10 污染特征及其与气象条件的关系 [J]. 安徽农业科学, 43 (12): 173-176.

李佳旸, 王延平, 韩明玉, 等, 2017. 陕北黄土丘陵区山地苹果园的土壤水分动态研究 [J]. 中国生态农业学报, 25 (5): 749-758.

李菁菁, 2016. 考虑稀疏植被影响的地表土壤水分微波遥感反演 [D]. 西安: 长安大学.

李俊, 2007. 晋西黄土残塬沟壑区不同植被类型土壤水分动态研究 [D]. 北京: 北京林业大学.

李龙, 王续富, 左忠, 2019. 宁夏沙坡头 PM10 浓度月-季节分布特征及其气象影响因素 [J]. 生态学杂志, 38 (4): 1175-1181.

李新荣, 马凤云, 龙立群, 等, 2001. 沙坡头地区固沙植被土壤水分动态研究 [J]. 中国沙漠 (3): 3-8.

刘丙霞, 2015. 黄土区典型灌草植被土壤水分时空分布及其植被承载力研究 [D]. 北京: 中国科学院.

刘丽伟, 魏栋, 王小巍, 等, 2019. 多种土壤湿度资料在中国地区的对比分析 [J]. 干旱气象, 37 (1): 40-47.

刘巧婧, 2019. 吐鲁番市大气颗粒物污染特征与来源分析 [D]. 杭州: 浙江大学.

刘晓涛, 聂立刚, 甄国新, 等, 2019. 北京市某区大气 PM2.5 中金属元素质

量浓度及其来源 [J]. 职业与健康，35（10）：1389-1392.

马春芽，王景雷，黄修桥，2018. 遥感监测土壤水分研究进展 [J]. 节水灌溉（5）：70-74，78.

马海艳，龚家栋，王根绪，等，2005. 干旱区不同荒漠植被土壤水分的时空变化特征分析 [J]. 水土保持研究（6）：235-238.

马雁军，刘宁微，王扬锋，2005. 辽宁中部城市群大气污染分布及与气象因子的相关分析 [J]. 气象科技，33（6）：527-532.

宁国法，刘冰，张琛，等，2017. 滨州市 PM2.5 浓度时空分布研究 [J]. 北京测绘（4）：147-150.

施建成，杜阳，杜今阳，等，2012. 微波遥感地表参数反演进展 [J]. 中国科学：地球科学，42（6）：814-842.

孙成，王卫，刘方田，等，2019. 基于线性混合效应模型的河北省 PM2.5 浓度时空变化模型研究 [J]. 环境科学研究，32（9）：1500-1508.

仝兆远，张万昌，2007. 土壤水分遥感监测的研究进展 [J]. 水土保持通报（4）：107-113.

王翠连，张军，郑瑶，等，2019. 郑州城区 PM2.5、PM10 质量浓度变化特征及其对气象因子的响应 [J]. 环境保护科学，45（6）：76-83.

王娇，丁建丽，陈文倩，等，2017. 基于 Sentinel-1 的绿洲区域尺度土壤水分微波建模 [J]. 红外与毫米波学报，36（1）：120-126.

王利民，刘佳，邓辉，等，2008. 我国农业干旱遥感监测的现状与展望 [J]. 中国农业资源与区划，29（6）：4-8.

王巧利，2015. 基于介电原理的浅层土壤水分测量方法研究 [D]. 北京：北京林业大学.

王晓学，沈会涛，周玥，等，2015. 半干旱地区不同森林类型土壤水分动态模拟 [J]. 生态学报，35（19）：6344-6354.

王英刚，范欣雅，2020. 河北省 2013—2017 年大气颗粒污染物 PM2.5 和

PM10 变化特征 [J]. 沈阳大学学报（自然科学版），32（2）：108-114.

吴兑，刘啟汉，梁延刚，等，2012. 粤港细粒子（PM2.5）污染导致能见度下降与灰霾天气形成的研究 [J]. 环境科学学报，32（11）：2660-2669.

吴雁，陈瑞敏，王颐，等，2015. 2013 年河北中南部 PM2.5 和 PM10 浓度时间变化特征及其影响气象条件分析 [J]. 气象与环境科学，38（4）：68-75.

武晋雯，孙龙彧，张玉书，等，2014. 不同植被覆盖下土壤水分遥感监测方法的比较研究 [J]. 中国农学通报，30（23）：303-307.

夏米西努尔·马逊江，侯君英，2013. 基于 NDVI 估算植被体散射的土壤水分反演研究 [J]. 安徽农业科学，41（29）：11652-11653，11657.

谢劭峰，周志浩，国弘，2020. 南宁市 PM2.5 浓度与气象因素的关系 [J]. 科学技术与工程，20（2）：460-466.

闫广轩，张朴真，黄海燕，等，2019. 郑州-新乡冬季 PM2.5 元素浓度特征及其源分析 [J]. 环境科学，40（5）：2027-2035.

杨嘉辉，陈鲁皖，王锐欣，等，2020. 基于改进水云模型的土壤水分反演研究 [J]. 科技创新与应用（10）：13-15.

杨树聪，沈彦俊，郭英，等，2011. 基于表观热惯量的土壤水分监测 [J]. 中国生态农业学报，19（5）：1157-1161.

杨涛，宫辉力，李小娟，等，2010. 土壤水分遥感监测研究进展 [J]. 生态学报，30（22）：6264-6277.

余凡，赵英时，2011. ASAR 和 TM 数据协同反演植被覆盖地表土壤水分的新方法 [J]. 中国科学：地球科学，41（4）：532-540.

张青，饶灿，2019. 典型区域城市 PM2.5 与 PM10 比值相关性研究 [J]. 绿色科技（12）：129-130.

张玮，郭胜利，申付振，等，2016. 南京地区 PM2.5 和 PM10 浓度分布特征及与相关气象条件的关系 [J]. 科学技术与工程，16（4）：124-129.

张岩，朱岩，张建军，等，2012. 林地土壤水分模型 SWUF 在晋西黄土高原的适用性［J］. 林业科学，48（5）：8-14.

张樱，万茹，王经纬，2018. 基于城市 PM2.5 影响因素相关性及预测模型研究［J］. 科学技术创新（36）：22-24.

张滢，丁建丽，周鹏，2011. 干旱区土壤水分微波遥感反演算法综述［J］. 干旱区地理，34（4）：671-678.

赵少华，秦其明，沈心一，等，2010. 微波遥感技术监测土壤湿度的研究［J］. 微波学报，26（2）：90-96.

赵原，2019. 基于宇宙射线中子法的中小尺度土壤水分监测方法研究［D］. 太原：山西大学.

朱炜歆，牛俊杰，刘庚，等，2015. 植被类型对晋西北地区土壤含水量的影响［J］. 生态科学，34（2）：71-75.

邹俊亮，2012. 黄土高原小流域植被恢复的土壤水碳变化特征［D］. 杨陵：西北农林科技大学.

BOUGHTON W, 2004. The Australian water balance model［J］. Environmental Modelling & Software, 19（10）：943-956.

BRIMELOW J C, HANESIAK J M, RADDATZ R, 2010. Validation of soil moisture simulations from the PAMII model, and an assessment of their sensitivity to uncertainties in soil hydraulic parameters［J］. Agricultural and Forest Meteorology, 150（1）：100-114.

EUGENE B, NATALYA B, ELENA R, et al., 2014. Field validation of DNDC and SWAP models for temperature and water content of loamy and sandy loam spodosols［J］. International Agrophysics, 28（2）：133-142.

GALLICHAND H J, 2006. Use of the SHAW model to assess soil water recovery after apple trees in the gully region of the Loess Plateau, China［J］. Agricultural Water Management, 85（1）：67-76.

HYMER D C, MORAN M S, KEEFER T O, 2000. Soil water evaluation using a hydrologic model and calibrated sensor network [J]. Soil Science Society of America Journal, 64 (1): 23-24.

PAUL K I, POLGLASE P J, AM O'CONNELL, et al., 2003. Soil water under forests (SWUF): a model of water flow and soil water content under a range of forest types [J]. Forest Ecology & Management, 182 (1-3): 195-211.

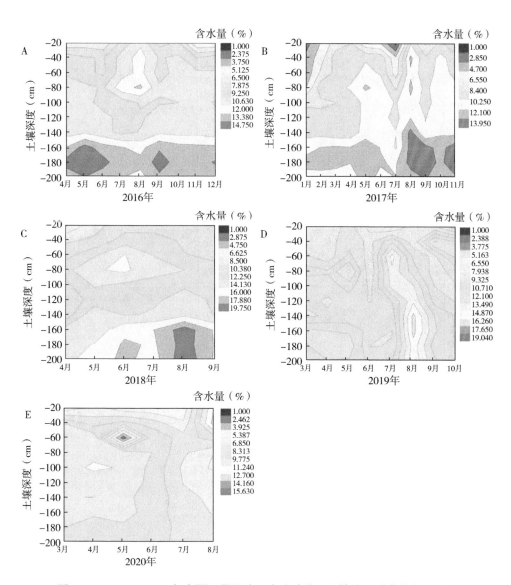

图 4-1　2016－2020 年宁夏干旱风沙区半流动沙丘土壤水分季节变化规律

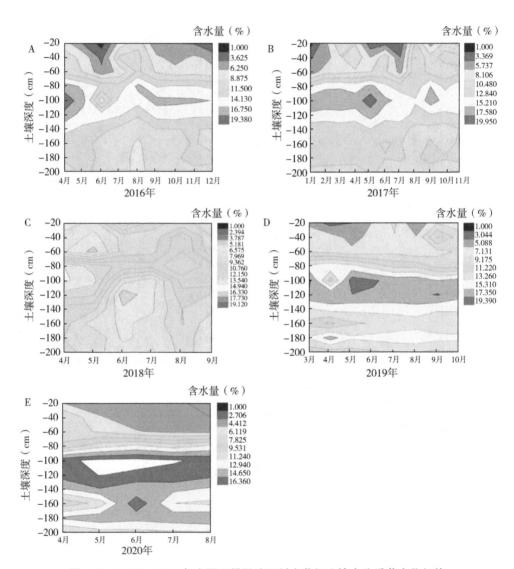

图 4-2　2016—2020 年宁夏干旱风沙区封育草场土壤水分季节变化规律

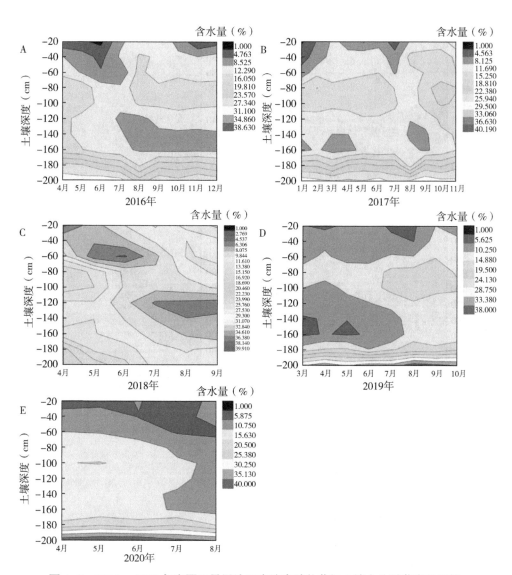

图 4-3　2016—2020 年宁夏干旱风沙区高沙窝放牧草场土壤水分季节变化规律

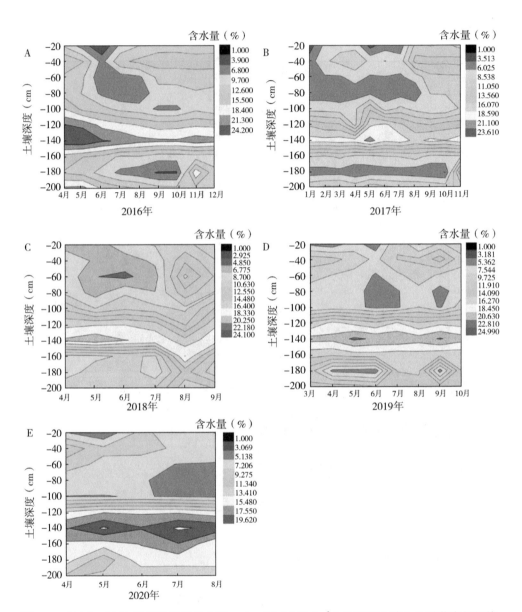

图 5-1　2016—2020 年柠条锦鸡儿 1 行 × 4m（0.08 株 /m²）株距间土壤水分季节变化规律

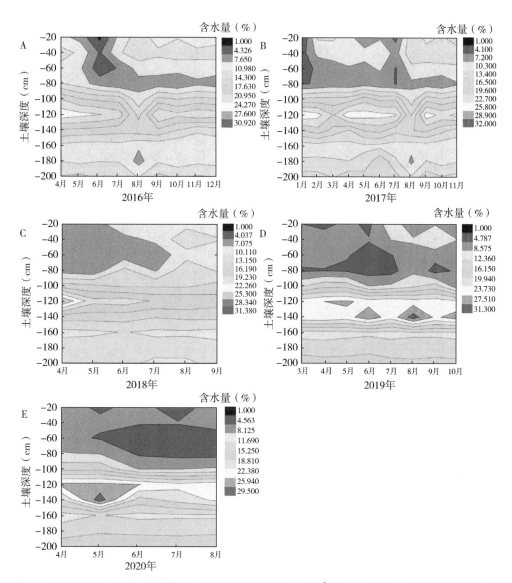

图 5-2　2016—2020 年柠条锦鸡儿 1 行 × 4m（0.08 株 /m²）行距间土壤水分季节变化规律

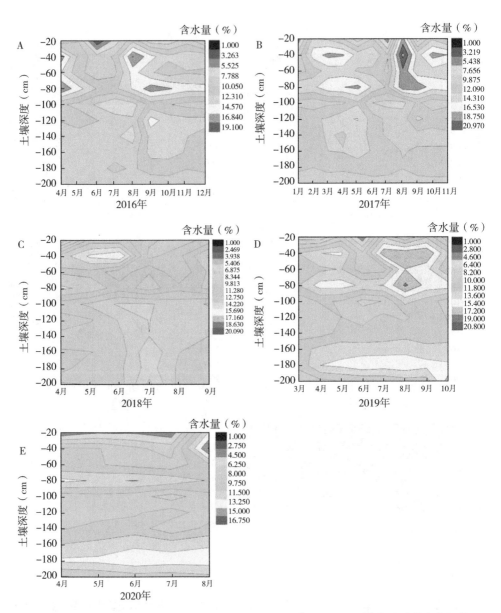

图 5-3　2016—2020 年柠条 1 行 ×6m（0.12 株 /m²）株距间土壤水分季节变化规律

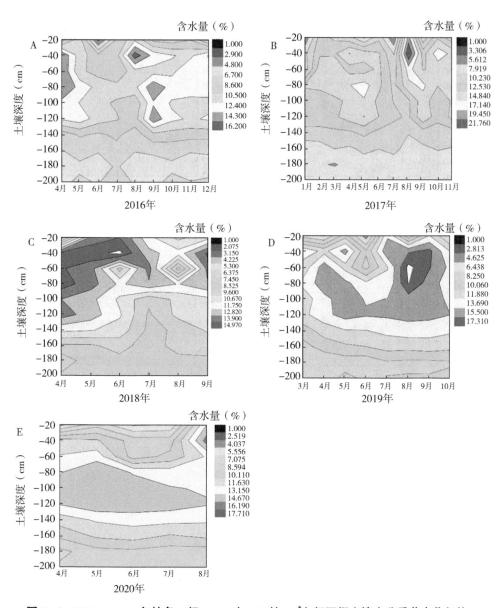

图 5-4　2016—2020 年柠条 1 行 ×6m（0.12 株 /m²）行距间土壤水分季节变化规律

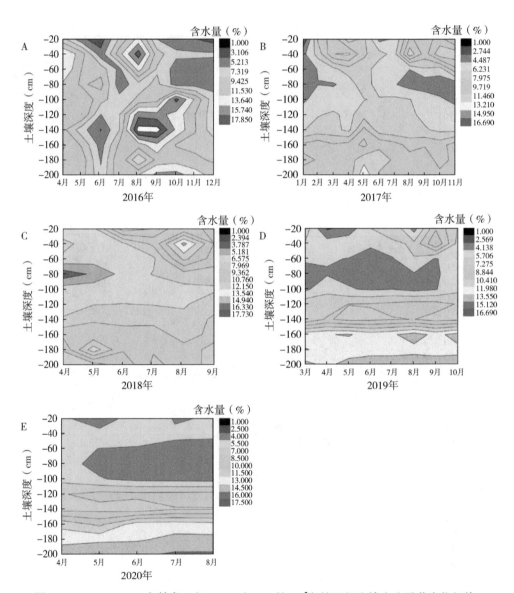

图 5-5　2016—2020 年柠条 2 行 × 8m（0.16 株 /m²）株距间土壤水分季节变化规律

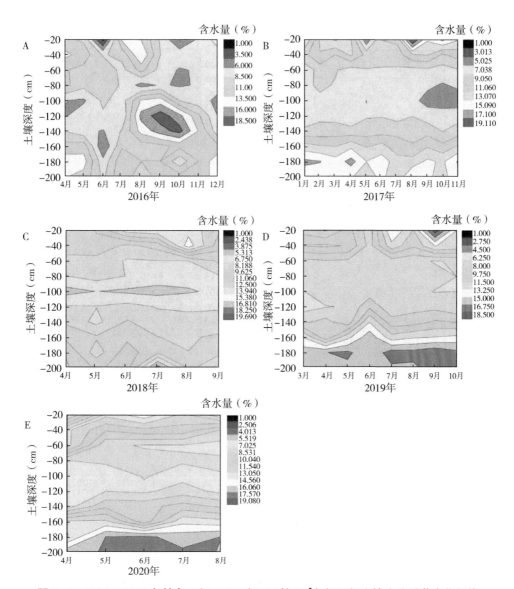

图 5-6　2016—2020 年柠条 2 行 × 8m（0.16 株 /m²）行距间土壤水分季节变化规律

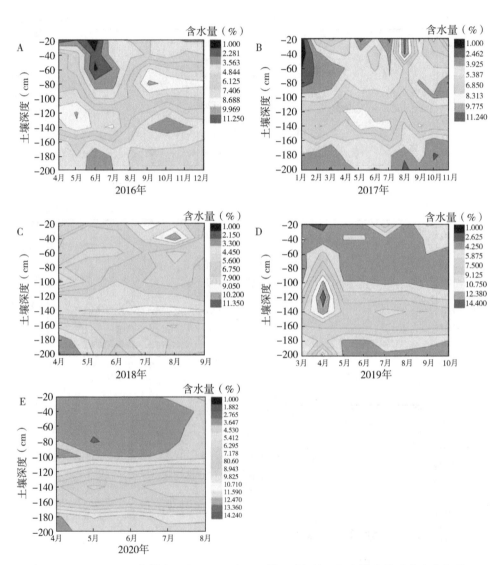

图 5-7　2016—2020 年柠条 3 行 × 6m（0.56 株 /m²）株距间土壤水分季节变化规律

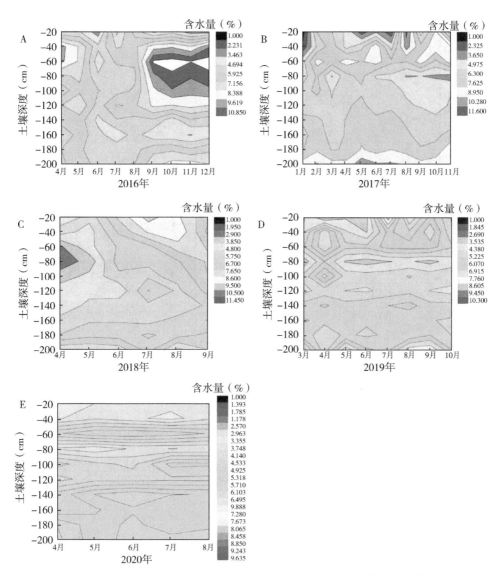

图 5-8　2016—2020 年柠条 3 行 ×6m（0.56 株 /m²）行距间土壤水分季节变化规律

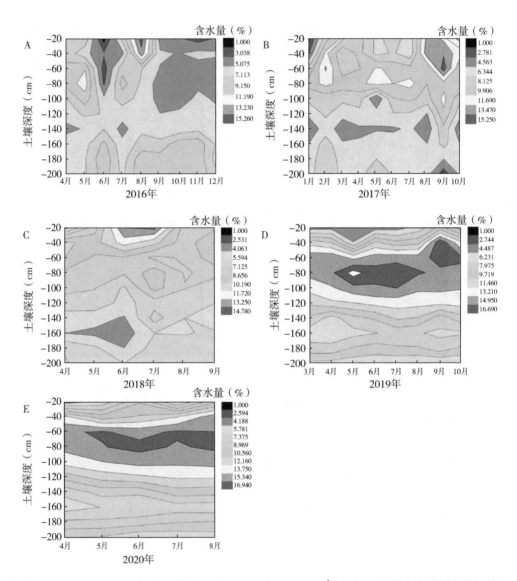

图 5-9　2016—2020 年柠条苜蓿地 2 行 × 10m（0.76 株 /m²）株距间土壤水分季节变化规律

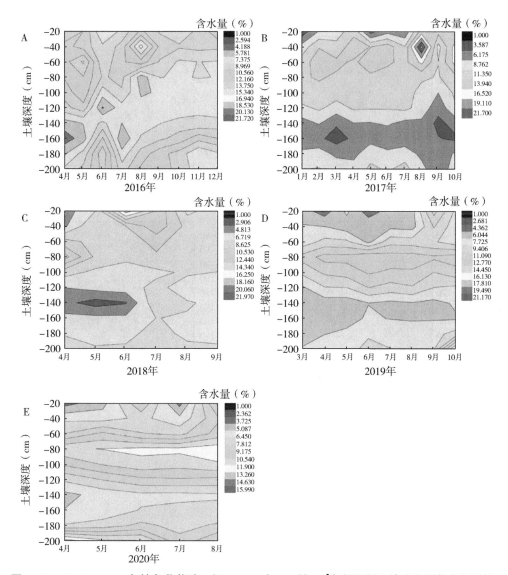

图 5-10　2016—2020 年柠条苜蓿地 2 行 × 10m（0.76 株 /m²）行距间土壤水分季节变化规律

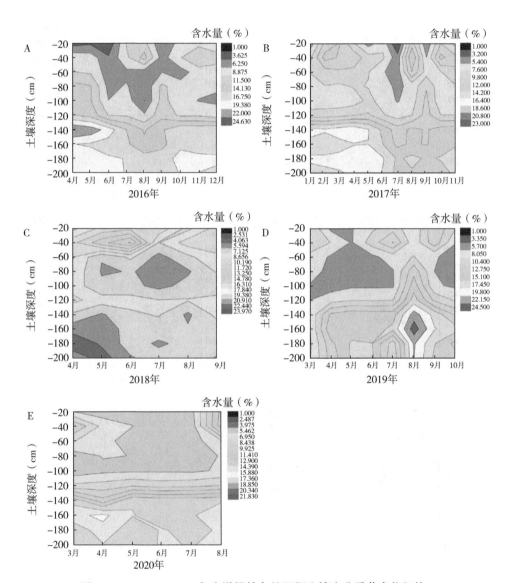

图 5-11 2016—2020 年大墩梁柠条株距间土壤水分季节变化规律

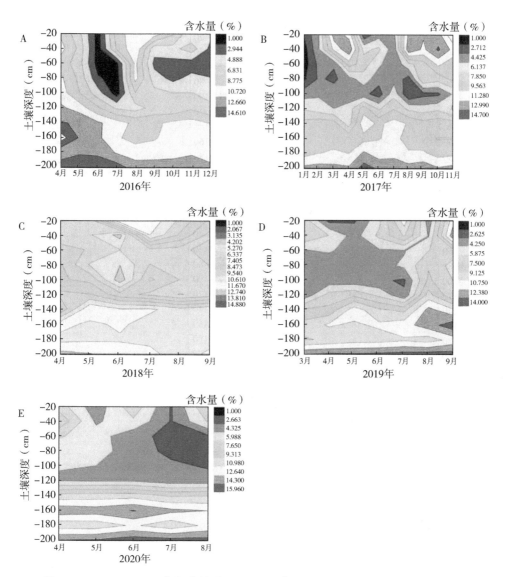

图 5-12　2016—2020 年杨柴林地（1.4 株/m²）株距间土壤水分季节变化规律

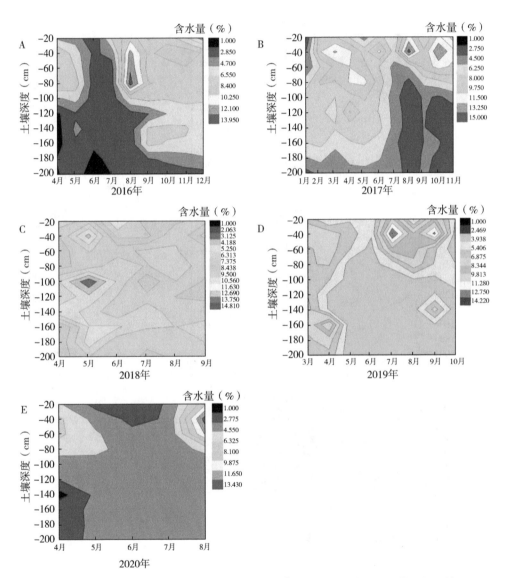

图 5-13　2016—2020 年杨柴林地（4.72 株 /m²）株距间土壤水分季节变化规律

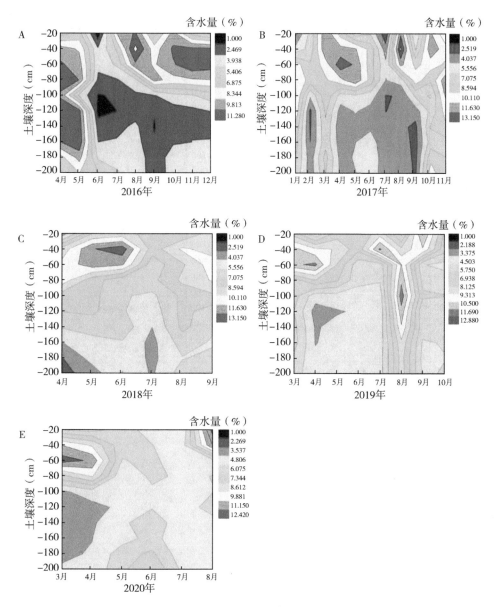

图 5-14　2016—2020 年花棒林地（0.2 株 /m²）株距间土壤水分季节变化规律

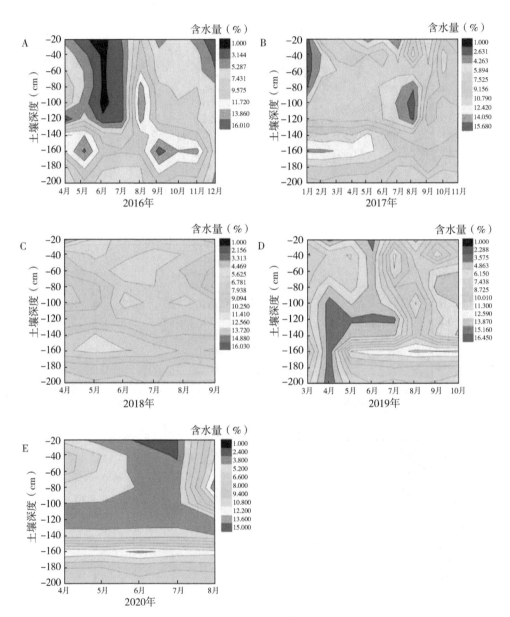

图 5-15　2016—2020 年花棒林地（0.28 株 /m²）株距间土壤水分季节变化规律

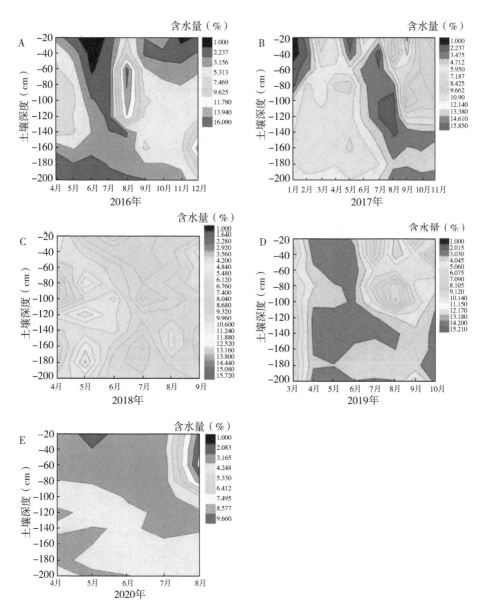

图 5-16　2016—2020 年花棒林地（2.12 株 /m²）株距间土壤水分季节变化规律

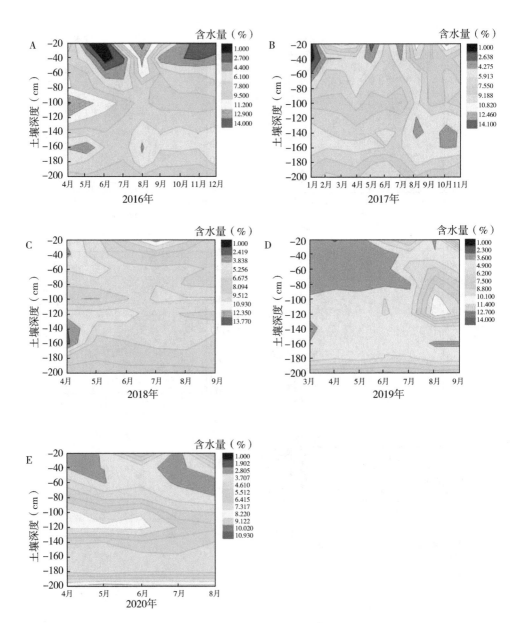

图 5-17　2016—2020 年沙柳林地 1m×3m（0.4 株 /m²）株距间土壤水分季节变化规律

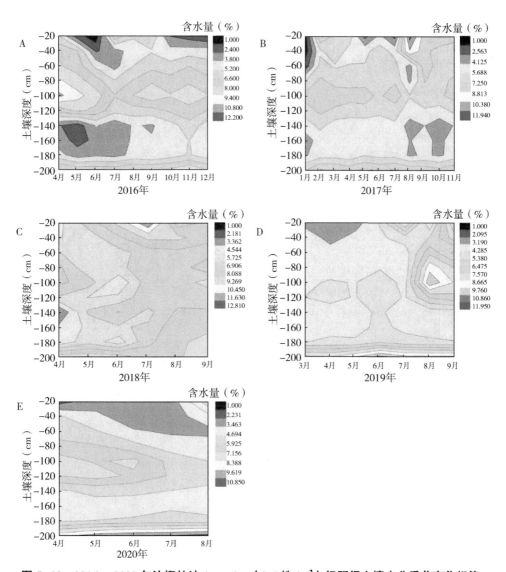

图 5-18　2016—2020 年沙柳林地 1m×3m（0.4 株 /m²）行距间土壤水分季节变化规律

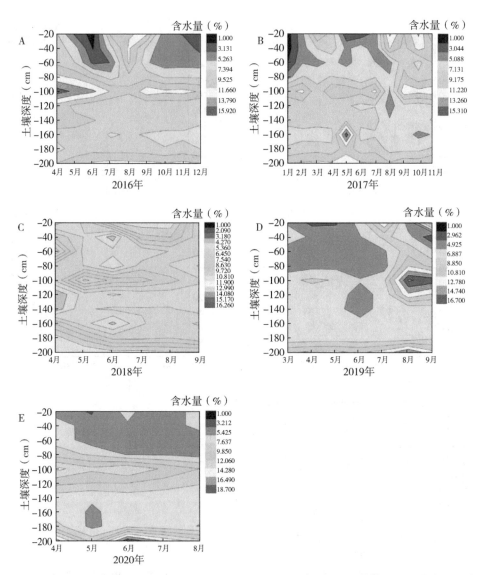

图 5-19　2016—2020 年沙柳林地 1m × 1m（1.48 株 /m²）株距间土壤水分季节变化规律

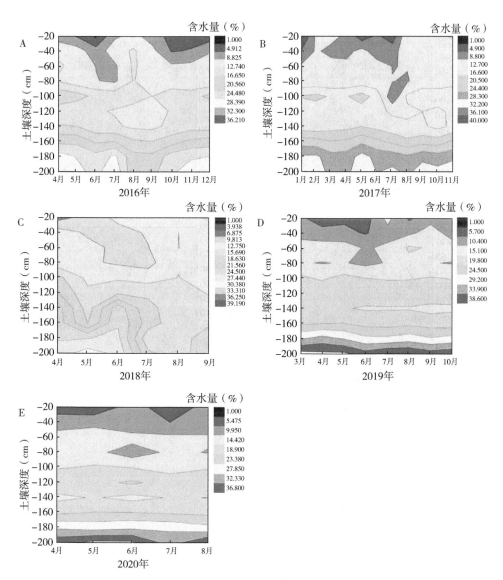

图 5-20　2016—2020 年沙蒿林地（1.04 株 /m²）株距间土壤水分季节变化规律

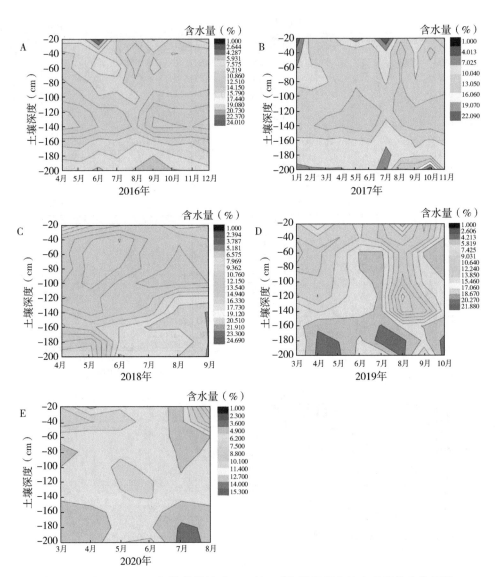

图 5-21　2016—2020 年沙蒿林地（5.68 株/m²）株距间土壤水分季节变化规律

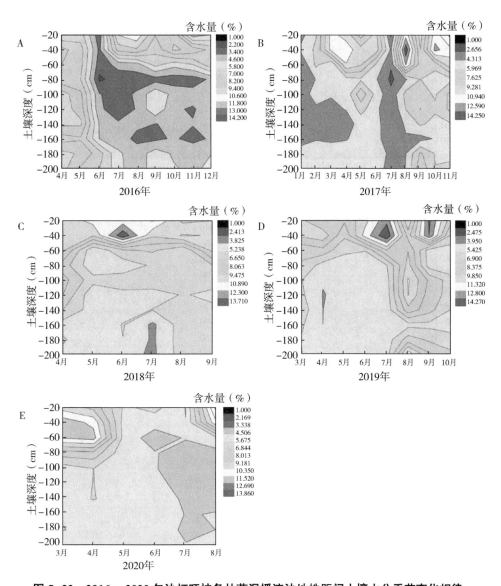

图 5-22　2016—2020 年沙打旺柠条林草混播流沙地株距间土壤水分季节变化规律

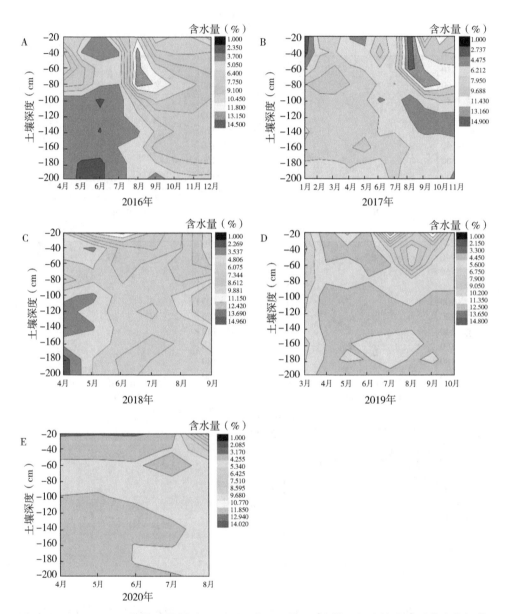

图 6-1　2016—2020 年樟子松林地 3m × 5m（0.08 株 /m²）株距间土壤水分季节变化规律

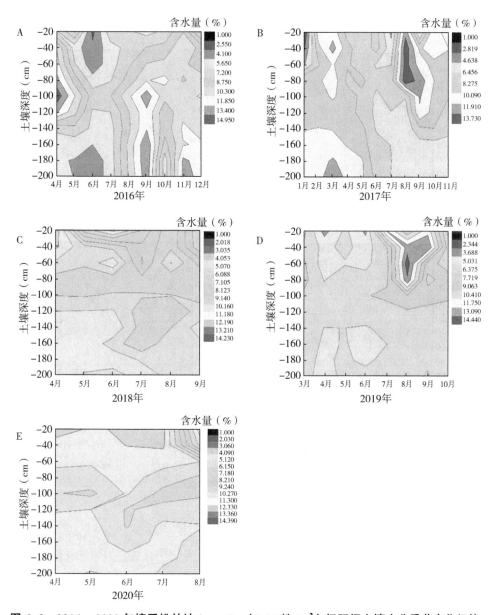

图 6-2　2016—2020 年樟子松林地 3m×5m（0.08 株 /m²）行距间土壤水分季节变化规律

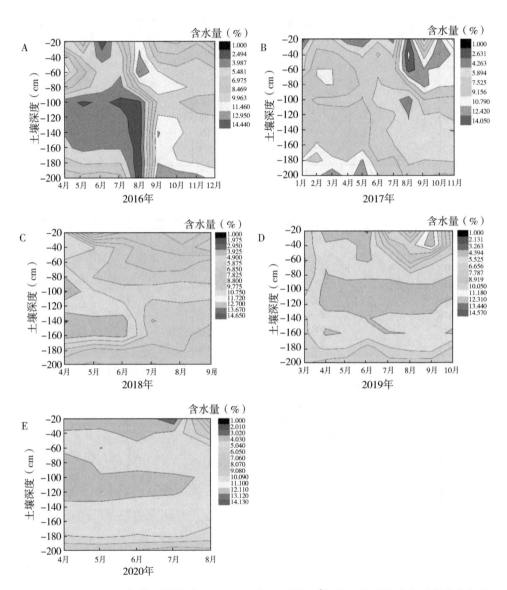

图 6-3　2016—2020 年樟子松林地 4m×10m（0.04 株/m²）株距间土壤水分季节变化规律

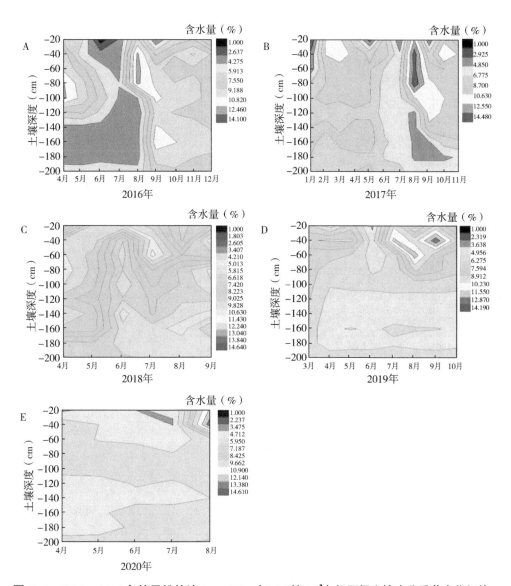

图 6-4　2016—2020 年樟子松林地 4m×10m（0.04 株/m²）行距间土壤水分季节变化规律

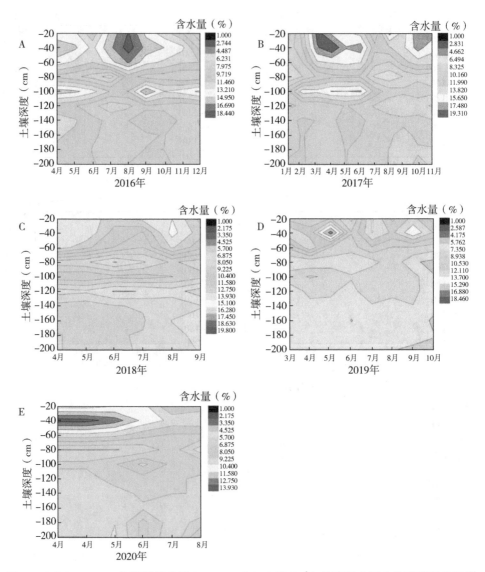

图 6-5　2016—2020 年樟子松林地 3m×3m（0.12 株 /m²）株距间土壤水分季节变化规律

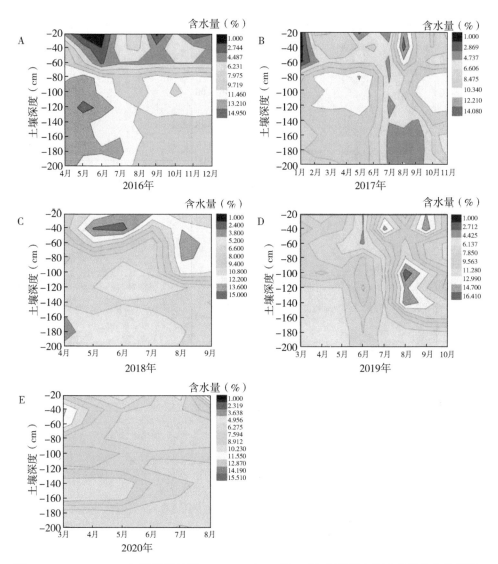

图 6-6　2016—2020 年樟子松林地 3m×3m（0.2 株/m²）行距间土壤水分季节变化规律

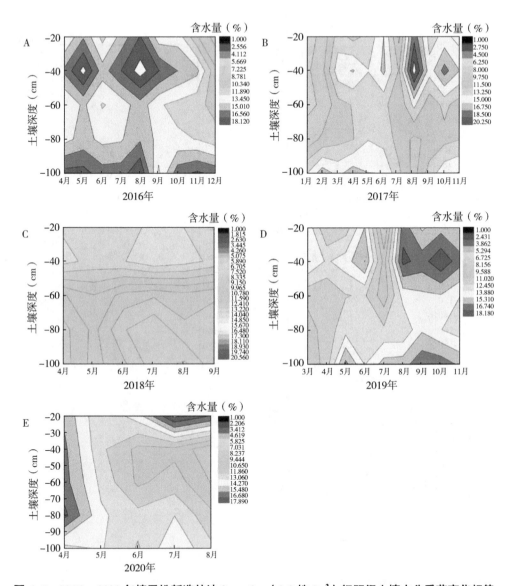

图 6-7　2016—2020 年樟子松新造林地 3m×3m（0.2 株 /m²）行距间土壤水分季节变化规律

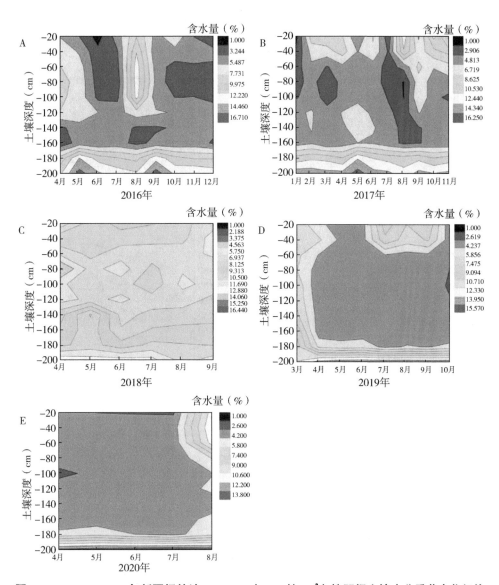

图 6-8　2016—2020 年新疆杨林地 3m×6m（0.08 株/m²）株距间土壤水分季节变化规律

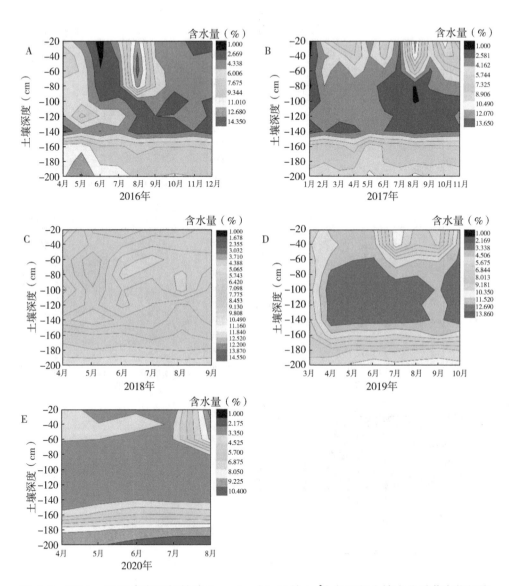

图 6-9　2016—2020 年新疆杨林地 3m×6m（0.08 株 /m²）行距间土壤水分季节变化规律

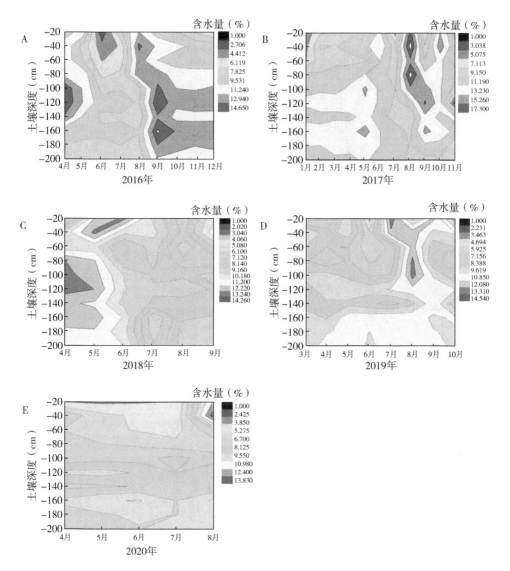

图 6-10　2016—2020 年榆树林地 3m×5m（0.05 株 /m²）株距间土壤水分季节变化规律

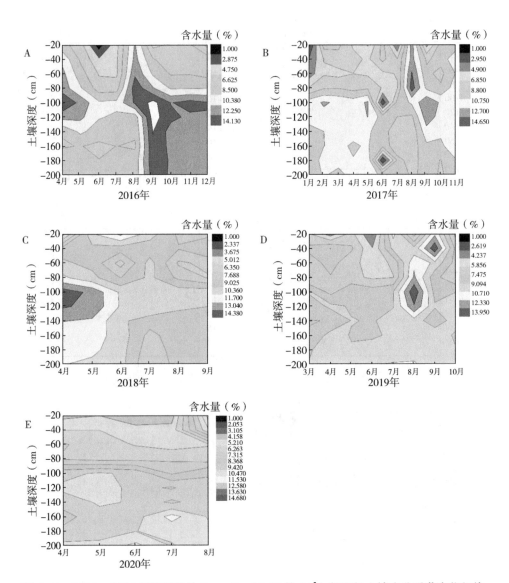

图 6-11　2016—2020 年榆树林地 3m×5m（0.05 株/m²）行距间土壤水分季节变化规律

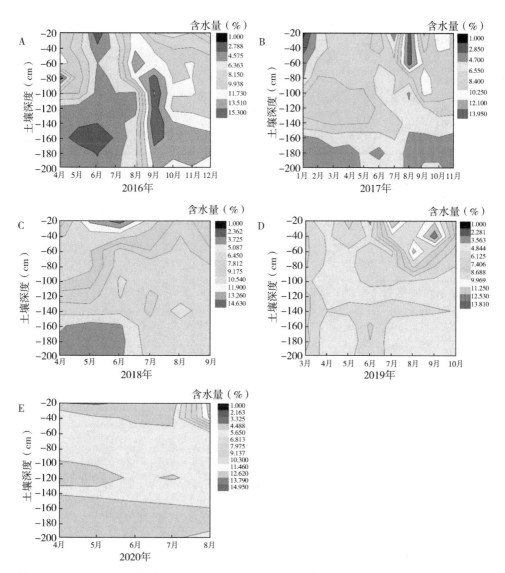

图 6-12　2016—2020 年榆树林地 3m×5m（0.08 株/m²）株距间土壤水分季节变化规律

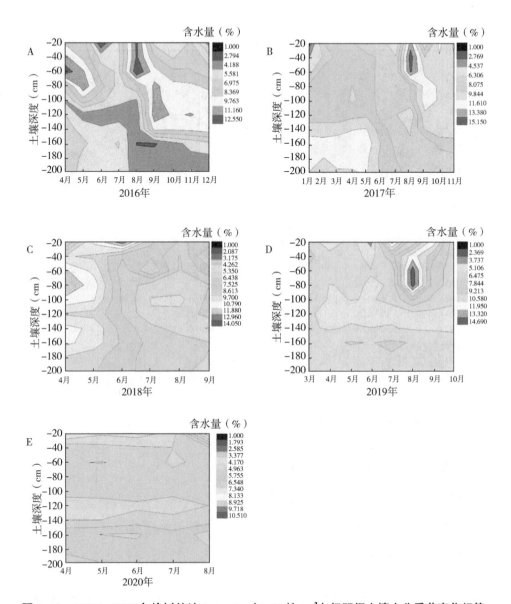

图 6-13　2016—2020 年榆树林地 3m×5m（0.08 株 /m²）行距间土壤水分季节变化规律

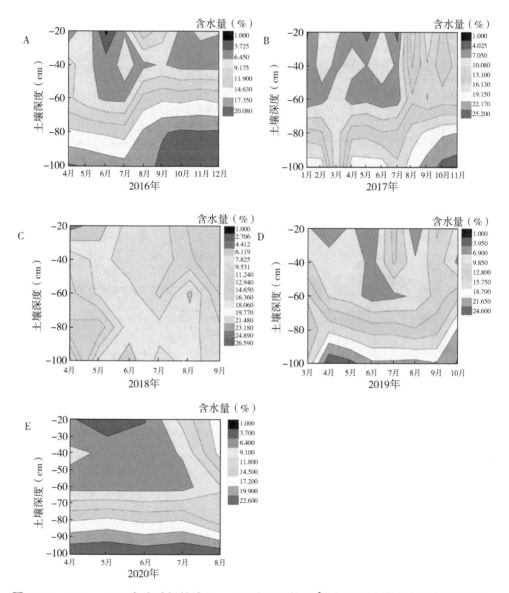

图 6-14　2016—2020 年小叶杨林地 5m×5m（0.04 株 /m²）行距间土壤水分季节变化规律

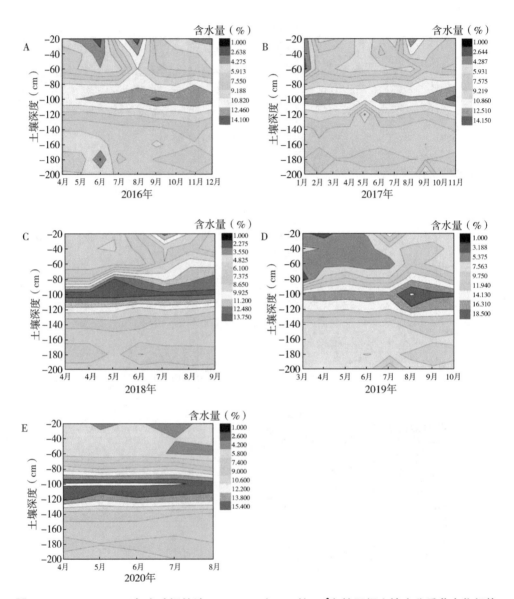

图6-15　2016—2020年小叶杨林地4m×10m（0.08株/m²）株距间土壤水分季节变化规律

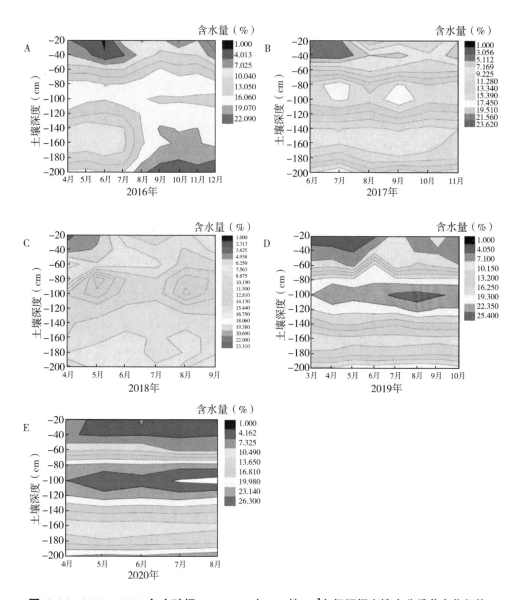

图 6-16　2016—2020 年小叶杨 4m×10m（0.08 株/m²）行距间土壤水分季节变化规律

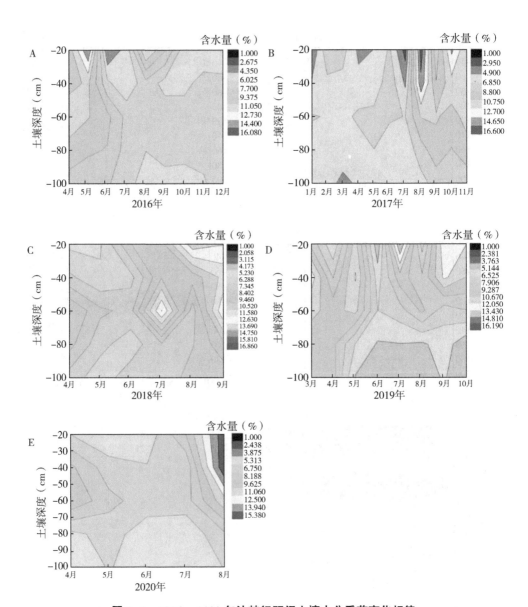

图 7-1　2016—2020 年沙棘行距间土壤水分季节变化规律

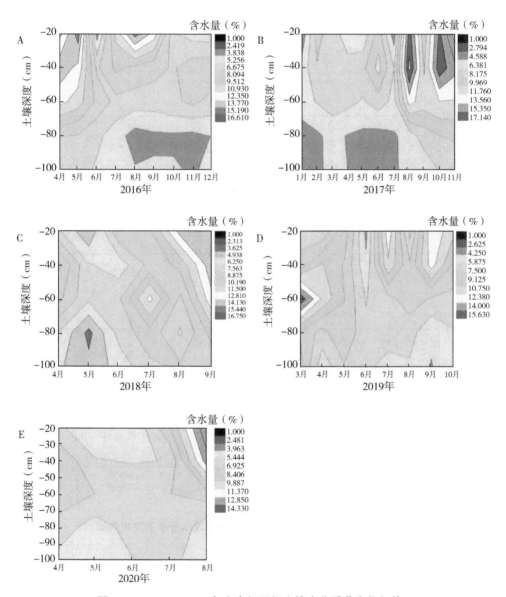

图 7-2 2016—2020 年山杏行距间土壤水分季节变化规律

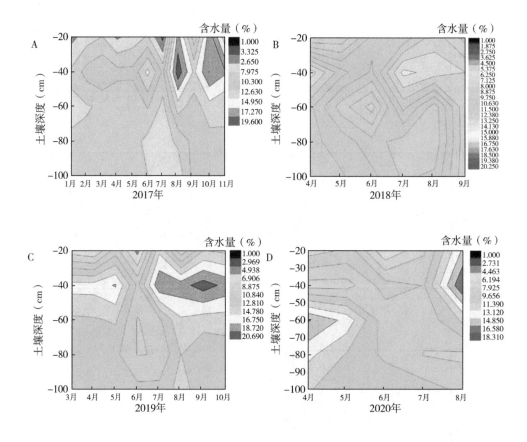

图 7-3　2017—2020 年柽柳行距间土壤水分季节变化规律

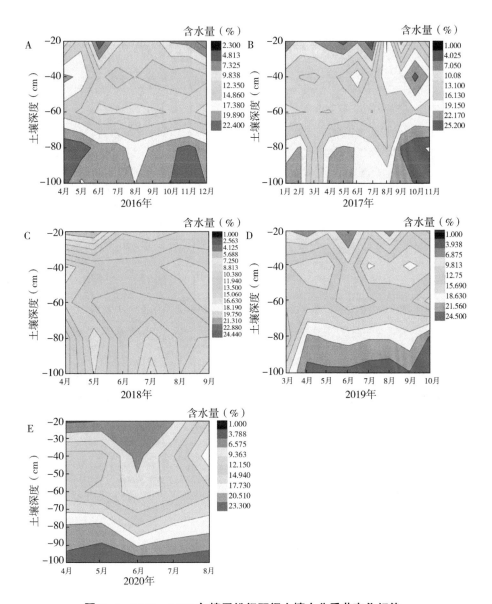

图7-4　2016—2020年樟子松行距间土壤水分季节变化规律

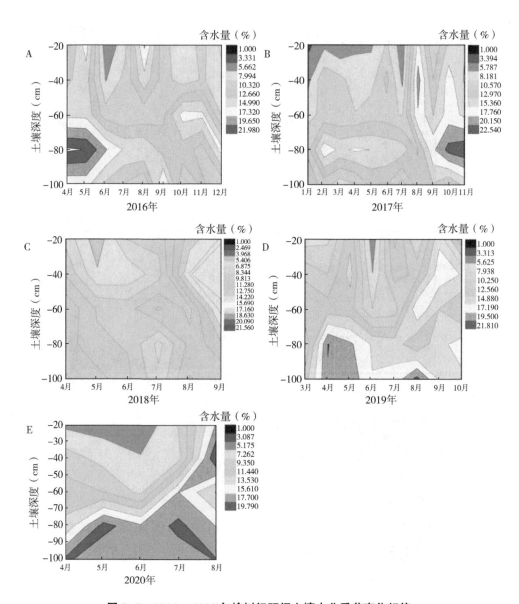

图 7-5　2016—2020 年榆树行距间土壤水分季节变化规律

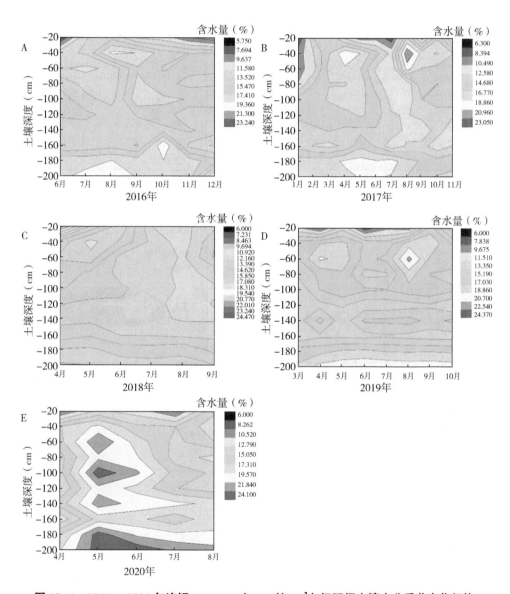

图 10-1　2016—2020 年连翘 1m×1m（1.45 株/m²）行距间土壤水分季节变化规律

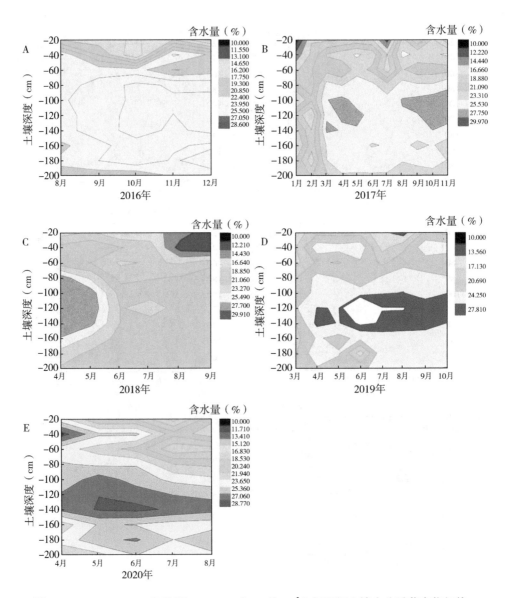

图 10-2　2016—2020 年连翘 1m×1m（1.0 株 /m²）行距间土壤水分季节变化规律

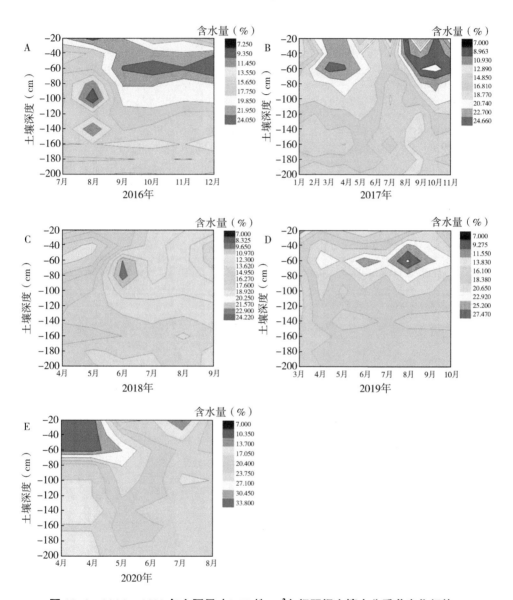

图 10-3　2016—2020 年文冠果（0.72 株 /m²）行距间土壤水分季节变化规律

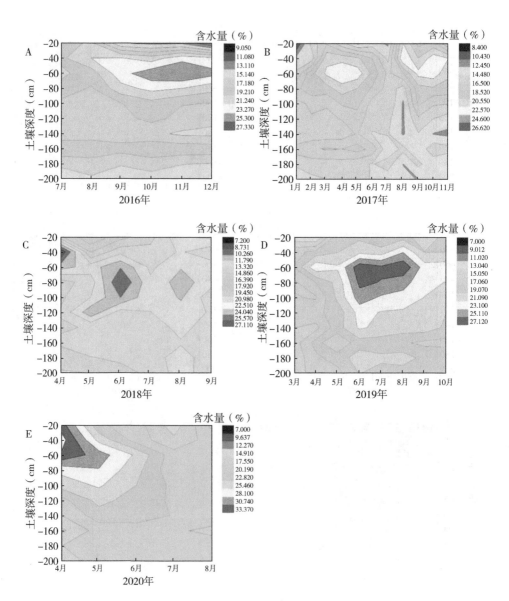

图 10-4 2016—2020 年文冠果（0.36 株 /m²）行距间土壤水分季节变化规律

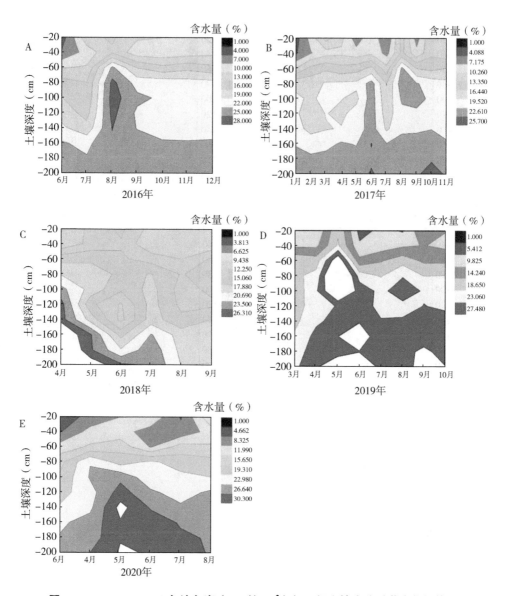

图 10-5　2016—2020 年沙冬青（3.8 株 /m²）行距间土壤水分季节变化规律

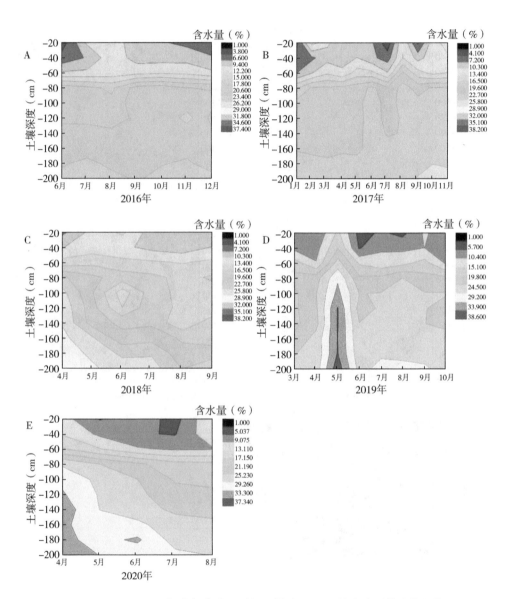

图 10-6　2016—2020 年沙冬青（1.9 株 /m²）行距间土壤水分季节变化规律

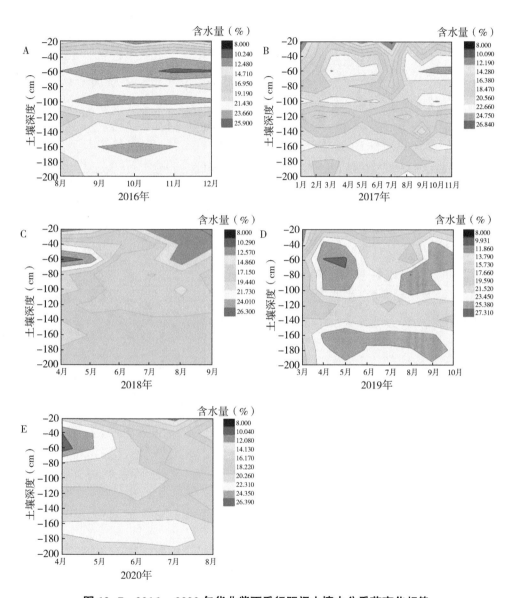

图 10-7　2016—2020 年华北紫丁香行距间土壤水分季节变化规律

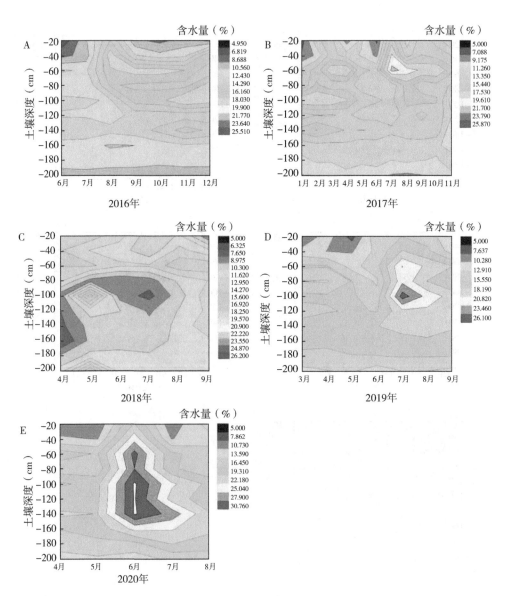

图 10-8　2016—2020 年柽柳（0.48 株 /m²）行距间土壤水分季节变化规律

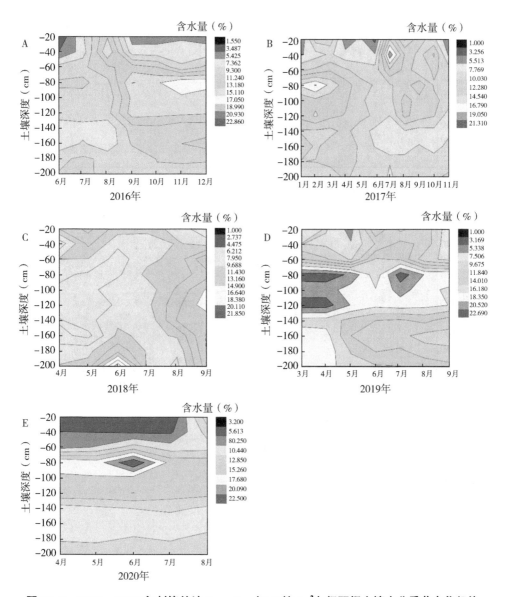

图 10-9　2016—2020 年刺槐林地 2m×3m（0.2 株 /m²）行距间土壤水分季节变化规律

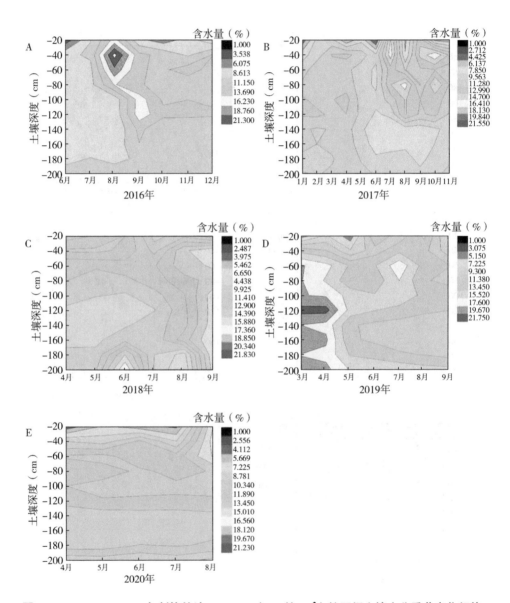

图 10-10　2016—2020 年刺槐林地 2m×3m（0.2 株/m²）株距间土壤水分季节变化规律

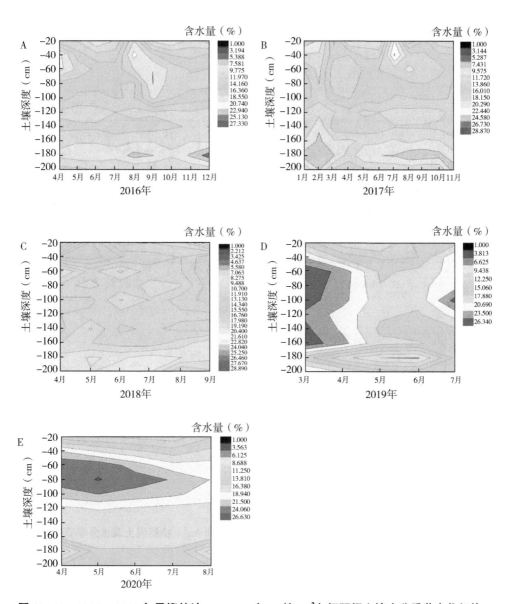

图 10-11 2016—2020 年旱柳林地 2m×3m（0.2 株 /m²）行距间土壤水分季节变化规律

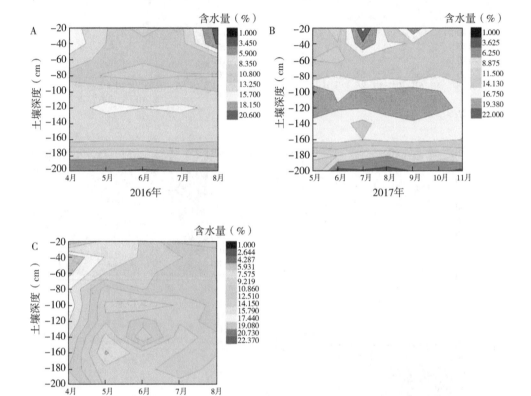

图 10-12　2016—2018 年旱柳林地 2m×3m（0.2 株 /m²）株距间土壤水分季节变化规律

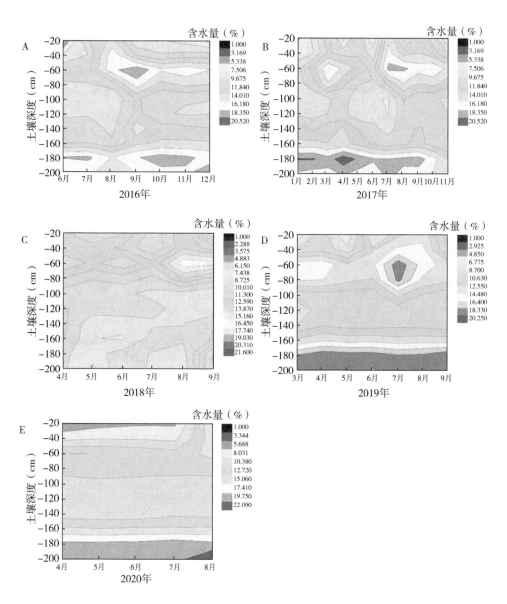

图 10-13　2016—2020 年云杉林地 2m×3m（0.2 株 /m²）行距间土壤水分季节变化规律

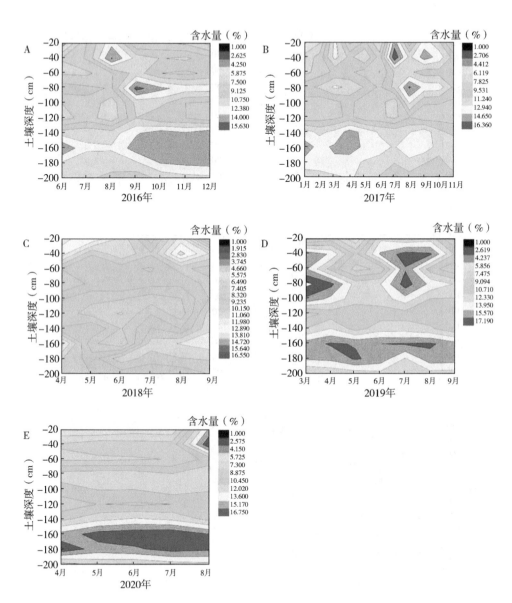

图 10-14　2016—2020 年云杉林地 2m×3m（0.2 株 /m²）株距间土壤水分季节变化规律

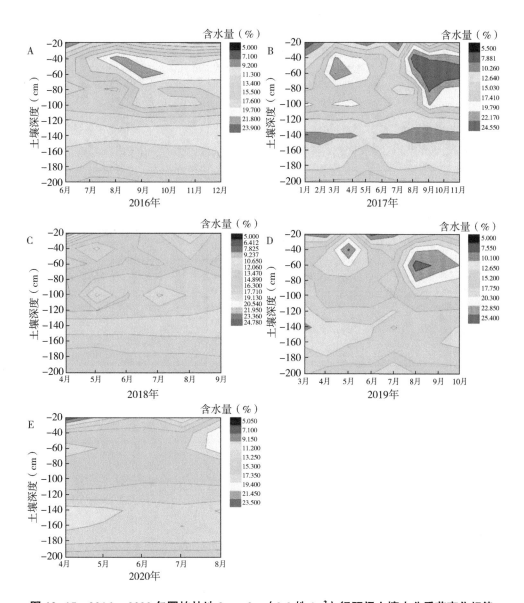

图 10-15　2016—2020 年圆柏林地 2m × 2m（0.2 株 /m²）行距间土壤水分季节变化规律

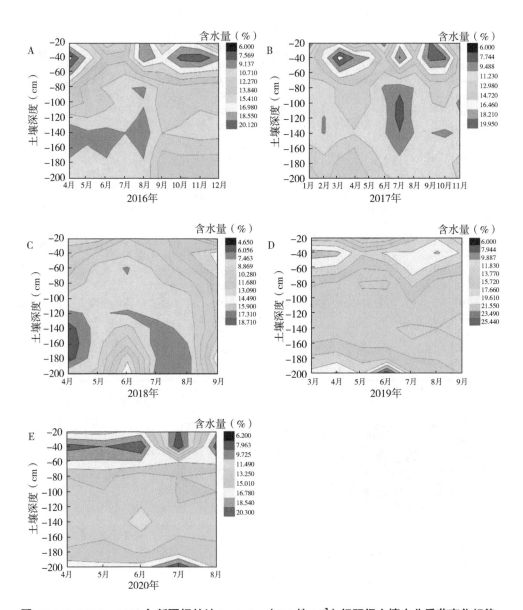

图 10-16 2016—2020 年新疆杨林地 2m×3m（0.2 株 /m²）行距间土壤水分季节变化规律

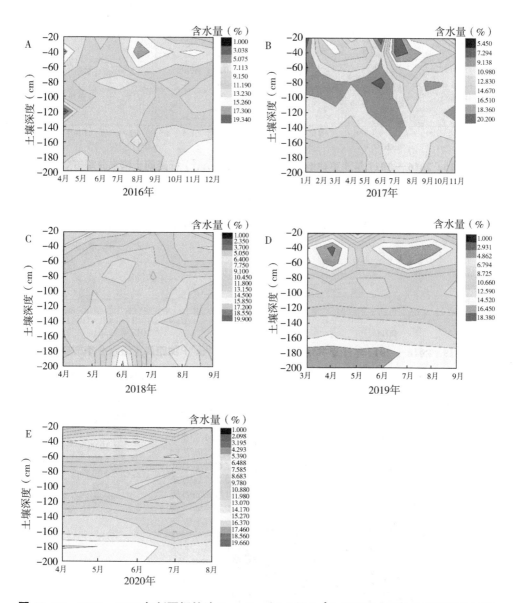

图 10-17　2016—2020 年新疆杨林地 2m×3m（0.2 株 /m²）株距间土壤水分季节变化规律

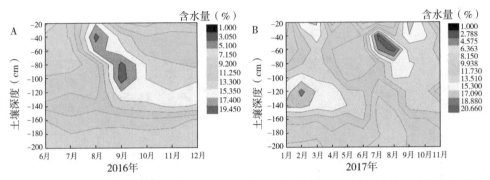

图 10-18 2016—2017 年沙枣林地 2m×3m（0.2 株/m²）行距间土壤水分季节变化规律

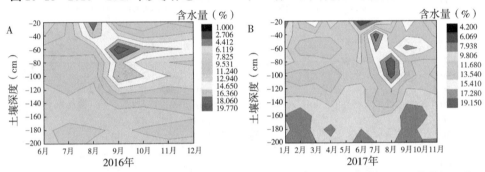

图 10-19 2016—2017 年沙枣林地 2m×3m（0.2 株/m²）株距间土壤水分季节变化规律

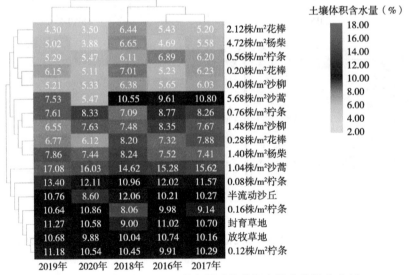

图 11-1 宁夏干旱区不同灌木林地林带间土壤水分健康分析

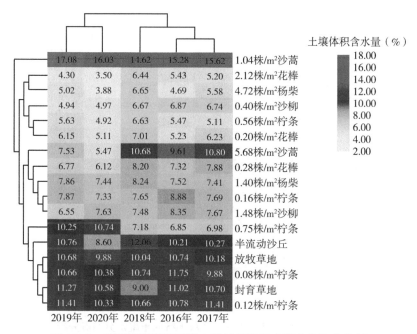

图 11-2　宁夏干旱区不同灌木林地植株间土壤水分健康分析

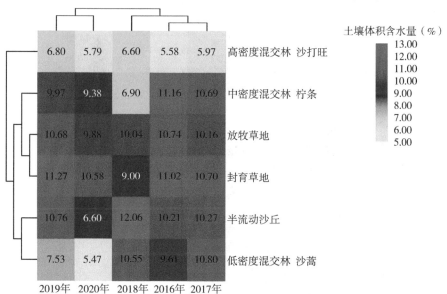

图 11-3　宁夏干旱区不同灌木混交林土壤水分健康分析

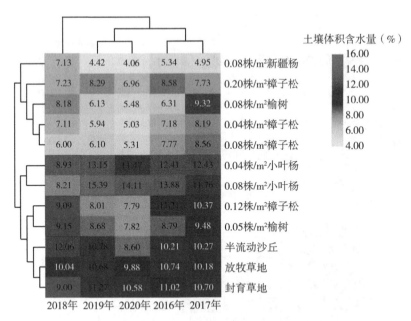

图 11-4　宁夏干旱区不同乔木林地行间土壤水分健康分析

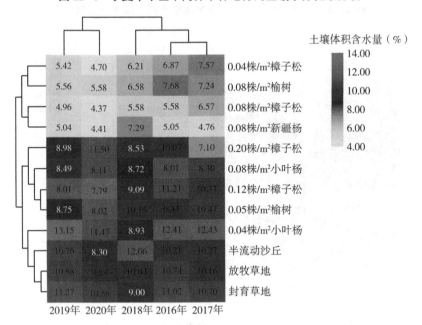

图 11-5　宁夏干旱区不同灌木林地植株间土壤水分健康分析